AF389798

LA
CYTOLOGIE EXPÉRIMENTALE

LA CYTOLOGIE EXPÉRIMENTALE

ESSAI DE CYTOMÉCANIQUE

PAR

ALPHONSE LABBÉ

DOCTEUR ÈS SCIENCES

CONSERVATEUR DES COLLECTIONS DE ZOOLOGIE A LA SORBONNE

PARIS

GEORGES CARRÉ ET C. NAUD, ÉDITEURS

3, RUE RACINE, 3

1898

PRÉFACE

Jusqu'à ces dernières années, la Cytologie était une science d'observation pure. On était trop heureux de pouvoir, à l'aide de microscopes perfectionnés et de réactifs efficaces, pénétrer les mystères de la structure cellulaire, et l'on ne prévoyait guère que cet élément microscopique pourrait jamais devenir objet d'expérience! On voit si peu de choses dans une cellule vivante, et on en voit tant et de si curieuses dans la cellule fixée et colorée, que tous les efforts de l'étude se sont longtemps portés exclusivement sur cette dernière. Mais aujourd'hui, sous l'influence de cette fièvre d'exploration des phénomènes biologiques, qui s'étend par une contagion rapide à tous les pays, on s'est décidé enfin à changer de voie. On a compris que, si l'étude du mort était nécessaire à l'intelligence du vivant, elle ne pouvait en aucun cas suffire à le faire comprendre, et l'on s'est lancé dans une voie d'expérimentation cytologique qui, tout de suite, a fourni une multitude de résultats intéressants.

On ne s'est même pas borné à l'étude de la physiologie cellulaire, on a tenté pour l'élément cellulaire ce qu'on a fait pour les organismes, lorsqu'on a passé de la physiologie des organes et des individus à la biologie de l'espèce.

On a commencé l'étude des influences que les cellules exercent les unes sur les autres, et des modifications qu'elles subissent de la part du milieu ambiant. Il n'y a pas seulement une physiologie cellulaire, mais une tératologie cellulaire, une œcologie cellulaire. Et, dans tout cela, l'expérience sur l'élément vivant tient le rôle principal. On modifie la cellule, on la détourne de ses voies normales de développement et de différenciation, on la mutile, on la fait se régénérer, on l'isole, on l'accouple à d'autres, on la pénètre de substances étrangères, et la manière dont elle se comporte dans ces conditions nouvelles, jette une vive lumière sur les causes de son évolution normale.

Mais toutes ces expériences, tous ces faits nouveaux, les conclusions plus ou moins générales qu'on a pu en tirer, les théories qu'elles ont permis d'édifier sur une base scientifique, tout cela est épars et les spécialistes seuls savent ces choses, ou savent où les trouver.

C'est rendre un réel service à ceux que ces questions intéressent, soit au point de vue de leur culture

générale, soit à celui de la direction de leurs études,
que de réunir dans un volume tout ce qu'il est essen-
tiel d'en connaître.

Aussi ne peut-on que remercier M. Labbé d'avoir
eu l'idée de le faire, et doit-on le féliciter de
l'avoir bien fait. Il était d'ailleurs dans les conditions requises. Un auteur qui n'eût point connu ces
questions de cytomécanique n'eût fait qu'une compi-
lation sans valeur ; un cytomécaniste de profes-
sion eût trop pénétré le livre de ses idées personnelles et eût fait une œuvre partiale, unilatérale
pour ainsi dire. M. Labbé, au contraire, sans être
compromis par des théories personnelles, a déjà
fait de nombreux travaux cytologiques sur les organismes unicellulaires ; il a vu par lui-même la plupart des faits, refait un bon nombre des expériences ; il a déjà la compétence et l'esprit cri-
tique, sans avoir compromis l'indépendance de son
jugement.

On ne peut reprocher à ce petit livre que d'avoir
laissé de côté plusieurs points intéressants de la
Cytologie expérimentale, en particulier ce qui con-
cerne la cytotératogénèse. Mais peut-être, en le
faisant trop complet et par suite trop massif, eût-il
rebuté les lecteurs qu'il attirera au contraire vers la
Cytologie générale.

Yves Delage.

INTRODUCTION

Ce livre n'est point un traité de Cytologie. Nous
n'avons point l'intention d'y exposer ce qu'est une cellule, ce qu'est le protoplasma, ce que sont les différentes parties d'une cellule. Ceux qui voudront être mis
au courant de ces questions peuvent s'adresser aux
excellents traités généraux de O. Hertwig (1), Y. Delage (2), F. Henneguy (3), Y. Delage et E. Hérouard (4).

Cette jeune science, presque créée par Roux dans
ses *Entwickelungsmechanische Studien*, que Delage a
baptisée du nom de *Biomécanique*, et qui cherche le
pourquoi de la différenciation des organismes dans
l'Ontogénèse et la Phylogénèse, prend sa base la plus
sérieuse dans la Cytologie. A ce titre la Cytologie est
le premier et plus important chapitre de la biomécanique. Mais l'explication même des phénomènes cyto-

---

(1) O. HERTWIG. La Cellule et les tissus. Trad. franç. G. Carré, édit., 1894.

(2) Y. DELAGE. La structure du protoplasma et les théories sur l'hérédité
et les grands problèmes de la biologie générale. Reinwald, édit., 1895.

(3) HENNEGUY. Leçons sur la cellule, Paris, G. Carré, édit., 1896.

(4) Y. DELAGE et E. HÉROUARD. Traité de zoologie concrète. *I. La Cellule
et les Protozoaires*. Reinwald, édit., 1896.

logiques ne se trouve que dans une *Cytologie expéri-mentale*, une *Cytomécanique,* qui cherche à connaître le *pourquoi* de la différenciation cellulaire et des phéno-mènes intra-cellulaires.

Nous voudrions essayer de donner une idée de cette Cytologie expérimentale, de cette Cytomécanique, des principales expériences auxquelles récemment elle a donné lieu, des questions qu'elle cherche et qu'elle veut résoudre.

La Cytologie expérimentale a un matériel d'études, la cellule. Et nous entendrons ici par *cellule* une masse protoplasmique, limitée, et renfermant un noyau (1). Cette cellule pourra être une cellule des tissus, ou un Protozoaire unicellulaire, ou une cellule germinale. Le meilleur matériel est, à coup sûr, une cellule à pro-toplasme non différencié, holoplasmatique, dans la-quelle les variations causées par les agents d'expé-rience ne sont pas susceptibles d'être rapportées à d'autres causes. A ce compte, l'œuf et les cellules em-bryonnaires paraissent être le meilleur matériel. Les cellules des tissus, en effet, en général spécialisées, font en outre partie d'un organisme plus élevé, dont elles sont des différenciations locales. Les Protozoaires seraient un admirable champ d'études si des difficultés n'étaient soulevées par le degré élevé de leur différen-ciation protoplasmique.

En résumé, il y a de nombreuses difficultés pour rap-porter à telle ou telle cause les manifestations qui pour-raient se produire.

---

(1) La cellule ne se conçoit que comme une masse *limitée.* Généralement il y a une membrane; lorsque la membrane cellulaire manque, il y a tou-jours, comme chez les Rhizopodes ou les leucocytes, une couche de protoplasme différencié, un ectoplasme, ou en tout cas une surface plus dense que le milieu extérieur.

Pour obtenir des résultats concluants, il faut tenir compte de la nature des cellules en expérience, et comparer les résultats obtenus sur les Protozoaires avec ceux obtenus sur les cellules des tissus ou cellules germinales.

La Cytologie expérimentale a pour instruments tous les agents physiques, chimiques, mécaniques, qui peuvent agir sur une cellule. Beaucoup des expériences ne sont pas des *expériences décisives* au sens où l'entend Delage, mais il nous faut quand même en tenir compte, car nous ne pouvons pas toujours statuer sur leur portée.

Enfin la Cytologie expérimentale a un but : chercher à connaître ce qu'est la cellule en elle-même, et les phénomènes qui s'y passent, ce que sont les diverses parties de la cellule les unes vis-à-vis des autres, ce que ces parties deviennent sous l'influence des agents probables de la différenciation cellulaire ; enfin pourquoi la cellule se différencie.

Supposant connu le *comment*, la plupart du temps nous cherchons à déterminer le *pourquoi*. Ce sera notre idée directrice. Peut-être cette idée directrice ne sera-t-elle point favorable aux idées de préformation ; peut-être ne verrons-nous dans l'œuf qu'un matériel cytoplasmique auquel l'épigénèse donnera sa ligne d'évolution. Peut-être cette idée directrice ne sera-t-elle pas non plus favorable à la vieille théorie cellulaire de Schleiden et Schwann ; peut-être serons-nous portés à détruire l'ancienne notion de cellule et à ne plus voir autour du noyau qu'une zone d'actions communes et d'échanges, une *énergide*.

Donc, bien que les idées épigénistes d'une part, les idées de Whitman, Sedgwick de l'autre, aient semblé détruire les théories préformationistes et coloniales, ne pouvons-nous présenter les lignes qui vont suivre que comme une esquisse de ce que nous croyons être la ligne d'évolution de la Cytomécanique future.

Nous n'avons pas du reste, en ces quelques pages, la prétention d'exposer tous ces graves problèmes.

Nous avons dû laisser de côté plusieurs questions qui semblaient devoir rentrer dans une Cytologie expérimentale. Nous croyons cependant que cet ouvrage, quelque imparfait qu'il soit, pourra rendre quelques services à ceux qu'intéressent les grandes questions de la Biologie générale (1).

A. LABBÉ.

---

(1) Comme nous le disions au début, nous supposons connues toutes les notions classiques sur la cellule, et nous ne définissons pas les termes de la langue cytologique courante. Cependant un glossaire, placé à la fin de ce volume, renferme la définition des termes techniques employés dans le courant de l'ouvrage, et pourra aider à la lecture.

LA CYTOLOGIE
EXPÉRIMENTALE

CHAPITRE PREMIER

**Reproduction artificielle du protoplasma
et des figures karyokinétiques.**

Parmi les nombreuses théories qui ont tenté d'expliquer la structure figurée du protoplasma, la théorie alvéolaire de Bütschli semble comparer le protoplasma à une émulsion plus ou moins visqueuse. Aussi, Bütschli, s'inspirant d'ailleurs des idées antérieures de Quincke (1888), a-t-il cherché à combiner artificiellement des mélanges chimiques permettant de réaliser les mouvements, les réactions du protoplasma.

MOUSSES DE BÜTSCHLI ET THÉORIE ALVÉOLAIRE

Bütschli cherche à vérifier ses études sur la structure alvéolaire du protoplasma, en fabriquant des émulsions d'huile, des mousses très fines, obtenues en agitant fortement une solution épaisse de savon avec de la benzine ou du xylol. Dans ces mousses, la masse fondamentale est de la benzine ou du xylol, et cette masse fondamentale est parcourue par d'innombrables alvéoles polyédriques dont la paroi est formée par la solution de savon. Ces mousses, quoique très durables, présentent des inconvénients, en particulier celui de ne pouvoir être étudiées que dans la benzine ou le xylol. Une meilleure mousse est celle obtenue de la façon suivante : on pulvérise du sucre ou du sel de cuisine aussi fin que possible, on y ajoute de l'huile d'olive vieillie ou épaissie par l'action de Ko Co² humide et un séjour d'une dizaine de jours à l'étuve à 54° C. On mélange intimement ces substances, et on obtient une bouillie bien homogène. Puis on prend une toute petite goutte que l'on fait tomber sur le couvre-objet et on renverse sur le porte-objet après avoir eu la précaution de garnir les quatre coins du couvre-objet de cire ou de paraffine, afin d'éviter l'écrasement de la gouttelette.

On obtient ainsi, au microscope, une mousse très

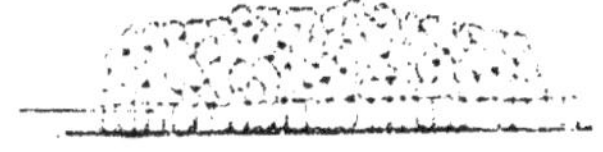

Fig. 1.

Coupe optique de la partie corticale d'une goutte d'émulsion d'huile d'olive et de sel marin, montrant une couche alvéolaire grossiss. 1750 d. [d'après O. Bütschli].

semblable à une structure protoplasmique, formée de nombreux alvéoles très petits, présentant chacun une paroi d'huile et un contenu aqueux.

Si on remplace dans cette mousse l'eau par la glycérine, la préparation est moins opaque et peut être étudiée plus facilement. A la superficie, comme dans le protoplasma, il y a une membrane périphérique bien nette, formée d'un seul rang d'alvéoles et finement striée radiairement (fig. 1).

Dans une émulsion semblable se produisent des mouvements actifs qui peuvent persister plusieurs jours et rappellent ceux d'un Amœba limax ou d'un Pelomyxa. Dès que les gouttelettes sont formées, elles se mettent en mouvement dans la glycérine, forment un courant assez vif qui traverse la goutte perpendiculairement aux lamelles, et qui arrivé à la surface se divise en deux courants opposés se détournant parallèlement à la surface, l'un à droite, l'autre à gauche (c'est ce qu'indique la figure 2). Ces deux courants diminuent progressivement d'intensité et de vitesse, et rentrent dans l'intérieur de la goutte. Il peut y avoir dans une gouttelette d'émulsion deux ou trois centres de mouvements semblables. Deux gouttelettes voisines peuvent se fusionner. A une température de 3o-5o° C., les cou-

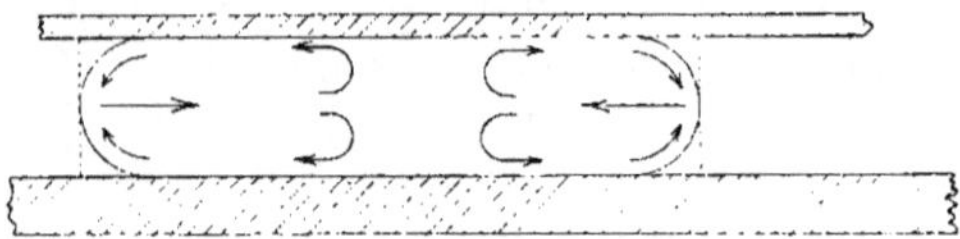

Fig. 2.

Courants dans une gouttelette de mousse de Bütschli comprimée entre une lamelle et une lame (d'après Bütschli).

rants peuvent changer de direction. L'action de l'électricité est peu nette. Cependant un courant constant remet en activité les gouttes immobiles.

L'explication de ces mouvements est facile, avec les explications de Quincke. En un point quelconque de la surface, une vacuole crève, la solution de savon s'étale à la surface de la gouttelette, qui est entourée d'huile ; d'où diminution de la tension superficielle en ce point, formation d'une petite saillie suivie d'un afflux des vacuoles voisines ; puis cet afflux déterminant l'éclatement de nouvelles vacuoles, les mêmes phénomènes recommencent.

Pour Bütschli, il y a une concordance fondamentale entre les courants des émulsions et ceux du protoplasma lui-même.

Rhumbler (1896), qui a fabriqué récemment des mousses voisines de celles de Bütschli, a surtout en vue d'ex-

pliquer la karyokinèse ; pour lui la structure alvéolaire
n'est qu'un état habituel, et non indispensable, du protoplasma. Par éclatement des alvéoles et par réunion
de leurs parois se forment des trabécules, des filaments,
etc., d'hyaloplasma, qui ont un rôle très important dans
la suite, et qui jouent alors le rôle de vrais filaments
solides. Nous étudierons plus loin sa théorie.

A côté de ces expériences qui cherchent à expliquer
la structure et les mouvements du protoplasma, se
placent celles qui cherchent à expliquer cette complexe
série de phénomènes qui est la mitose.

EXPLICATIONS EXPÉRIMENTALES DE LA MITOSE
THÉORIE DE RHUMBLER

Henking 1893, en laissant tomber sur une lame de
verre ou de carton noircie de noir de fumée, une goutte
d'eau ou d'alcool, obtient des images très semblables
aux radiations mitosiques. La gouttelette d'eau ou
d'alcool arrêtée dans sa chute est écrasée en mille
gouttelettes qui s'épandent radiairement.

Ziegler (1895) après Henneguy prend une plaque de
cire qu'il recouvre de limaille de fer, puis il place au-
dessous de petits électro-aimants. Il obtient ainsi des
figures qui rappellent beaucoup les divers stades de la
karyokinèse. Gallardo 1896, pour reproduire les figures
karyokinétiques, emploie l'appareil ci-contre qui est la
reproduction d'un appareil de Faraday fig. 3). Deux
conducteurs du courant, terminés en boule, sont
disposés dans une cuve de verre rectangulaire où se
trouve de l'essence de tremestine, liquide mauvais con-
ducteur de l'électricité, contenant en suspension de fins
cristaux de sulfate de quinine, liquide demi-conducteur.
Si on fait passer le courant, les cristaux de sulfate

s'orientent selon les lignes de force du champ électrique
et engendrent des radiations très semblables à la figure
achromatique de la division.

Pour Gallardo, comme pour Ziegler, les centrosomes sont des centres cinétiques d'où émanent des forces. Ces forces peuvent aligner de certaines façons
des particules mobiles, de telle sorte que ces parti-

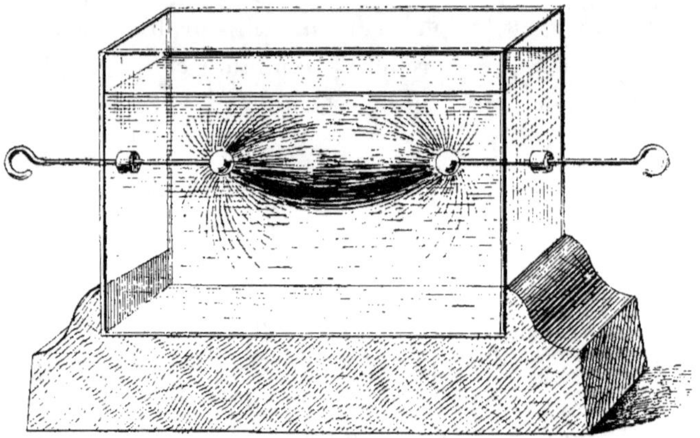

Fig. 3.

Appareil de A. Gallardo, pour la reproduction artificielle
des figures karyokinétiques.

cules peuvent donner l'illusion de lignes ou de filaments.

Toutes ces expériences n'offrent pas une rigueur
scientifique suffisante.

Mais voici M. Heidenhain (1895) qui construit un modèle dans lequel un anneau représente la membrane
cellulaire, tandis que des fils rayonnant autour d'un
centre figurent les fibres radiantes de l'astrosphère.

Pour Heidenhain, en effet, la cellule est un système mécanique, un système centré, où le microcentre est le point
d'insertion d'un système de fibrilles contractiles, toutes
de même longueur absolue, qui s'insèrent d'autre part
sur la membrane nucléaire, le noyau restant interfilaire.

Toutes ces radiations tirent, se détendent, aussi bien dans ce modèle établi par l'auteur que dans celui de Krompecher (Mitoses pluripolaires), que dans celui, plus récent, qu'établit Rhumbler (fig. 4), et ces auteurs pensent expliquer avec force formules mathématiques les phénomènes complexes de la mitose.

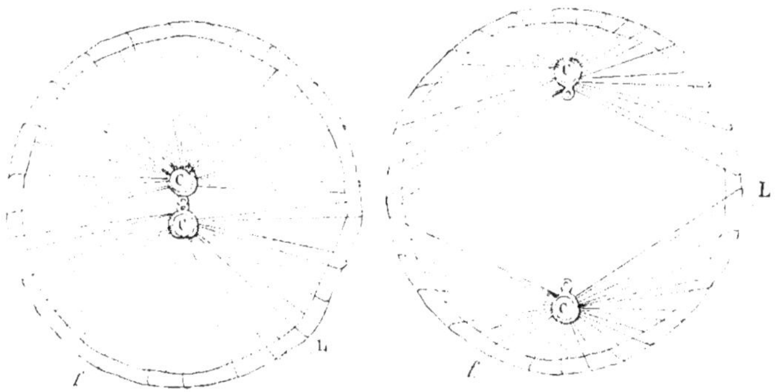

Fig. 4.

Modèle de Heidenhain, modifié par Rhumbler, pour la reproduction artificielle des processus karyokinétiques. — L, anneau de gomme représentant la paroi cellulaire : *f, f,* fils représentant les fibres protoplasmiques, attachés aux centrosomes représentés par les pivots C, C.

Tandis que, pour Heidenhain, les filaments protoplasmiques *tirent,* pour Drüner ces filaments *poussent* comme des ressorts curvilignes élastiques qui se détendent brusquement, tandis que le fuseau central résiste comme un organe de soutien (Stützorgan), luttant contre cette tension. Nous n'insisterions pas sur cette mécanique cellulaire si artificielle, quoique ingénieuse, si nous ne trouvions une autre explication toute récente de la karyokinèse.

Elle est de Rhumbler, et l'auteur utilise les mousses dont nous avons déjà parlé plus haut.

Nous avons vu que pour Rhumbler les alvéoles de ces

mousses peuvent crever et leurs parois se transformer en trabécules. Supposons une cellule formée d'alvéoles pleins d'enchylema et limités par des parois d'hyaloplasma. Si on ajoute de l'hyaloplasma à cette cellule, celui-ci s'ajoutera aux cloisons qui deviendront plus épaisses. D'autre part, dans une mousse alvéolaire, les alvéoles ne sont pas orientés; mais si dans une mousse de savon additionnée de glycérine, on extrait avec une pipette de l'air d'un alvéole, les alvéoles voisins se tassent radiairement autour de lui, à cause de l'attraction causée par le vide.

Dans le protoplasme alvéolaire, le même phénomène

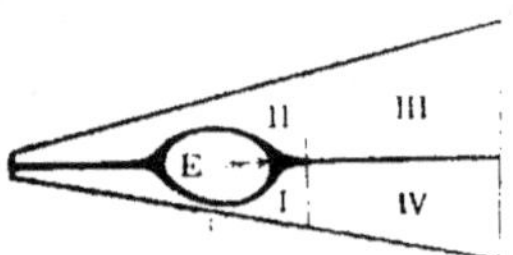

Fig. 5.

Expulsion d'une inclusion E à travers les alvéoles I, II, III, IV, dans une mousse de Rhumbler (d'après Rhumbler).

peut se produire par la présence d'une inclusion solide; cette inclusion laisse en effet un vide entre sa surface et celle des alvéoles polygonaux voisins, d'où attraction des alvéoles voisins pour combler ce vide, et orientation radiaire de ces alvéoles (fig. 5).

Si on fait une mousse avec une solution épaisse de gélatine et de glycérine, qu'on la triture avec des substances inertes, gypse, amidon, mercure, et qu'on la durcisse dans une solution d'acide picrique, on n'observe pas de radiations; mais si on remplace ces substances inertes par des morceaux de gélatine coagulée et teintée après durcissement par l'acide picrique, on observe que chaque particule de gélatine est devenue le centre d'une radiation; puis, très rapidement, le liquide gélatino-glycérique dissout partiellement la surface des particules de gélatine coagulée, l'acide picrique recoagule cette zone superficielle, d'où diminution de volume par condensation de substance, et création d'un centre d'attraction. La conséquence est que les alvéoles éclatent et leurs parois se fusionnent en fibrilles. On a donc dans cette mousse comme dans le protoplasme, au lieu de files d'alvéoles, des cloisons radiaires qui sont de vraies radiations fibrillaires, quoiqu'elles dérivent, en somme, de la structure alvéolaire.

Voyons maintenant les conséquences que nous pouvons tirer de ces faits pour l'explication de la division nucléaire.

Dans la cellule au repos le centrosome est une sphérule entourée d'une enveloppe attractive et de radiations. Par absorption d'eau ou de liquide, il grossit : or, cette eau étant empruntée à l'enchylema, il se produit un phénomène de succion, et une orientation radiaire des alvéoles autour du centrosome; en même temps les inclusions étrangères sont refoulées distalement. Donc il se produit un vide au centre, et une orientation radiaire des alvéoles mieux caractérisée. Les radiations ainsi formées sont attachées, d'une part à la périphérie, de l'autre à l'enveloppe attractive, formée par l'hyaloplasma qui a difflué vers le centrosome pour combler le vide en ce point. Les radiations peuvent donc agir comme filaments de traction. Ces filaments tirent sur l'enveloppe attractive, qui tendra à se déplacer dans la direction des plus longs. Pendant ce temps, l'enchylema qui tend à être expulsé des alvéoles, se réunira là où la pression est moindre, c'est-à-dire autour du noyau : le noyau absorbera cet enchylema qui dissoudra la membrane nucléaire. Rhumbler explique toute la mitose par ces trois causes :

1° Diminution de volume des alvéoles par expulsion d'enchylema;

2° Augmentation de consistance des parois hyaloplasmiques des alvéoles, par suite du fait que l'hyaloplasma de la sphère attractive s'écoule dans l'hyaloplasma des cloisons.

Les alvéoles s'arrondissent en devenant plus petits.

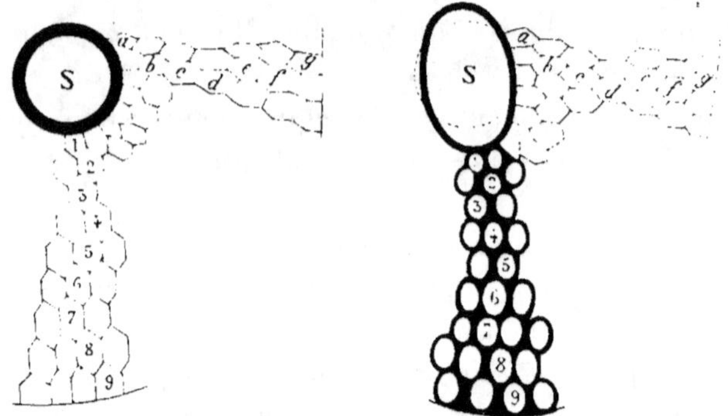

Fig. 6.

Schéma pour montrer l'allongement de la sphère attractive S : a, b, c, d, e, f, g représentent une courte file d'alvéoles : 1, 2, 3, 4, 5, 6, 7, 8, 9 représentent une longue file d'alvéoles (d'après Rhumbler).

et les cloisons radiaires disparaissent (ce qui est conforme à l'observation).

Il n'y a donc plus ni radiation ni enveloppe attractive, mais seulement des alvéoles qui tirent de tous côtés sur la sphère, et cela d'autant plus qu'ils sont plus longs et plus voisins du noyau. Donc la sphère va s'allonger et enfin se diviser (v. fig. 6).

3° Le noyau grossit, écarte ces files d'alvéoles qui tirent, et par là même les fait tirer plus fort et plus directement en dehors.

Il en résulte que la sphère se divise en deux, que les deux centrosomes se mettent en marche en direction opposée, tirés par les grandes files, malgré la résistance des courtes, et arrivent aux pôles du noyau où ils se placent symétriquement. Il en résulte que le fuseau nucléaire s'étend entre les deux centrosomes et naturellement est orienté dans le grand axe de la cellule.

(Il faut noter que toutes ces files d'alvéoles sont orientées dans différents plans, bien que nous ne les ayons considérées que dans un plan.)

Quant à l'état de repos, il résulte simplement de ce que la faculté d'imbibition de la sphère attractive cesse, et qu'il s'établit un état d'homogénéité qui est l'état de repos cellulaire.

Tout repose, en résumé, sur la faculté d'imbibition du centrosome qui peut grossir pour atteindre la taille où il peut se diviser.

Nous avons parlé longuement de la théorie de Rhumbler, parce que si c'est une des plus récentes, c'est aussi une des plus ingénieuses explications de la division cellulaire.

Malheureusement toute cette cytomécanique est encore bien spéculative. Si l'on doit approuver les auteurs qui cherchent à expliquer par de simples causes mécaniques, physiques ou chimiques, la mécanique cellulaire, on ne peut que s'étonner de les voir poursuivre jusque dans les détails les plus intimes et les plus infimes l'explication de phénomènes complexes, à l'aide d'un facteur unique, là où il doit y avoir action combinée de plusieurs facteurs que nous ne connaissons pas et dont nous ne voyons que les effets.

ASTROSPHÈRES ARTIFICIELLES

Il n'entre pas dans notre programme d'exposer les idées émises à propos du centrosome, considéré soit comme centre dynamique, soit comme organe cellulaire. L'expérience n'a pas encore cherché à établir le rôle du centrosome vis-à-vis des autres parties de la cellule.

Nous devons cependant dire un mot de la production des astrosphères artificielles. Morgan a observé tout récemment (1896) que si l'on plonge des œufs fécondés

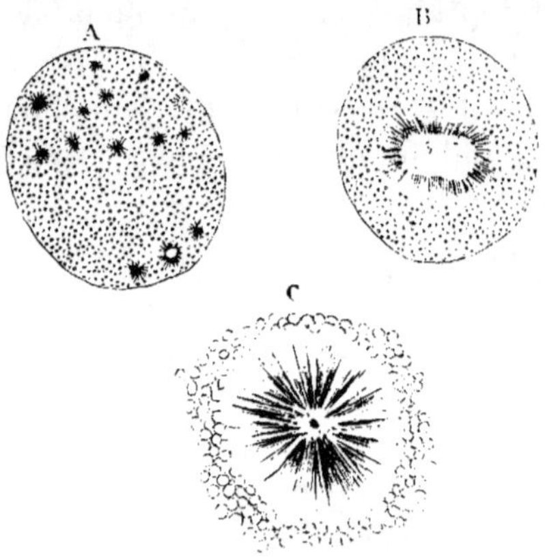

Fig. 7.

Astrosphères artificielles dans des œufs fécondés de Sphærechinus. — A, après trois heures d'immersion dans une solution saline : B. peu de temps après : C, après neuf heures d'immersion (d'après Morgan).

de Sphærechinus et d'Echinus dans de l'eau de mer concentrée (additionnée de sel marin à 1,5 p. 100), il apparaît dans les œufs des amas d'une substance granuleuse, fortement colorable, de forme rayonnée, et que l'auteur assimile à une astrosphère. Toutes ces petites radiations émigrent vers le centre de l'œuf, et en se mêlant, forment un grand système radié, qui à son tour se détruit pour former de nombreux systèmes étoilés (fig. 7). L'œuf ne se divise pas; mais si on remet les œufs dans l'eau ordinaire, le noyau se divise, et l'œuf se segmente. Les œufs non fécondés de Phallusia montreraient des asters analogues.

L'auteur semble penser qu'il s'agit vraiment d'archoplasme différencié, mais il convient de se réserver sur ce sujet qui ne paraît pas encore bien élucidé.

Nous avons vu plus haut que Rhumbler a essayé de reproduire des radiations comme celles de l'astrosphère. On obtient des radiations de ce genre en dissolvant un cristal de permanganate de potasse dans de la glycérine et de l'eau (ââ). On peut en reproduire dans de l'eau congelée brusquement, et où des bulles d'air et des fissures sont plus ou moins orientées; ou dans une couche mince de gélatine étendue sur une surface plane autour d'une particule saillante.

Les figures de Henking n'ont aucun intérêt; celles de Ziegler sont plus suggestives, car, comme le font remarquer Gallardo et Rhumbler, la disposition des lignes de force n'est pas exclusivement caractéristique des pôles électriques et peut se produire avec une source quelconque d'énergie par ex. la tension superficielle.

Les radiations de l'astrosphère sont peut-être de nature électrique, mais la disposition des lignes de force ne suffit pas à le démontrer.

Signalons encore que Rhumbler, en chauffant à 3o-35° l'œuf ovarien de Rana fusca, et en y incorporant des bulles d'air, a vu se produire, après refroidissement, des radiations autour de ces bulles d'air.

Toutes ces expériences semblent réduire les productions intracellulaires et les phénomènes mitosiques à de simples données mécaniques ou physico-chimiques. Mais il serait absolument prématuré de résoudre une question aussi complexe que l'origine et la nature du centrosome et des astrosphères, d'après des données aussi peu certaines.

CHAPITRE II

Action des agents physiques et chimiques sur la structure, le métabolisme et les mouvements de la cellule.

Dans l'ignorance où nous sommes des modifications moléculaires que tel agent physique ou chimique occasionne dans le protoplasme, substance chimique très complexe, nous sommes réduits à noter les modifications de structure qui en sont la résultante.

Mais une modification de structure ne suit pas nécessairement une modification chimique : les globules rouges du sang des Vertébrés, les corps chlorophylliens dans les cellules des Plantes, ne subissent pas de variations extérieures correspondant à l'hématose ou à la fonction chlorophyllienne. J'ai cité récemment 1896, p. 571) ce fait que chez les Coccidies, les granules de réserve (coccidine peuvent se transformer en granules de paraglycogène sans changer de forme, ni de taille, ni d'aspect extérieur; la cause directe ou indirecte de ce changement paraît être le jeûne subi par l'hôte.

De nombreux exemples pourraient être cités, et montrer également qu'à une modification chimique importante ne correspond pas nécessairement une modification extérieure de structure.

En étudiant l'action de divers agents sur différents protoplasmes, nous ne pourrons donc noter que des *apparences* de variation réelle, et il faut insister sur ce point qu'il peut y avoir une variation très importante, là où nous ne verrons aucune modification extérieure.

Les résultats que nous énoncerons dans ce chapitre n'ont donc qu'une valeur relative, dans l'état actuel de nos connaissances; ils ne peuvent s'appuyer que sur une *chimie de la cellule vivante*, qui est une science de l'avenir, mais qui ne nous donne dans le présent que des résultats trop peu appréciables. Cela ne veut pas dire qu'il ne nous faille pas tenir compte des expériences que nous allons exposer. Mais il ne faut pas perdre de vue qu'elles ne pourront être interprétées sûrement que lorsqu'on connaîtra mieux le chimisme de ce qui se passe dans les cellules.

ACTION DES AGENTS CHIMIQUES

Action des gaz. — Pour étudier l'action des gaz, il est pratique d'employer l'appareil de Demoor figuré ci-contre (1) fig. 8.

L'action de *l'oxygène* sur le protoplasme est celle d'un gaz indispensable à la vie, et l'existence des organismes anaérobies ne s'explique que par l'hypothèse de Pfeffer, d'une *respiration intramoléculaire* qui fournit aux tissus l'oxygène qu'elle leur emprunte.

Demoor a émis l'opinion, comme nous le verrons plus loin p. 54) que le noyau cellulaire est anaérobie et n'a qu'une respiration intramoléculaire, mais Loeb et Irving Hardesty affirment que le noyau respire

______

(1) Un appareil producteur de gaz A est en relation avec une chambre humide d'Engelmann E sur un microscope M. Cet appareil est ici un appareil à hydrogène à dégagement constant. Le gaz passe dans plusieurs flacons laveurs *l. l″. l‴.* et sort en *g.*

comme le cytoplasme et ne s'en distingue que par une sensibilité moindre à l'action de l'oxygène.

Quoi qu'il en soit, l'action de l'oxygène est indispensable pour le protoplasme. Il y a un minimum d'oxygène nécessaire à la cellule : il correspond à 3 millimètres de mercure pour un poil unicellulaire d'Urtica, à 1 millimètre de mercure pour une plasmodie de Myxomycète

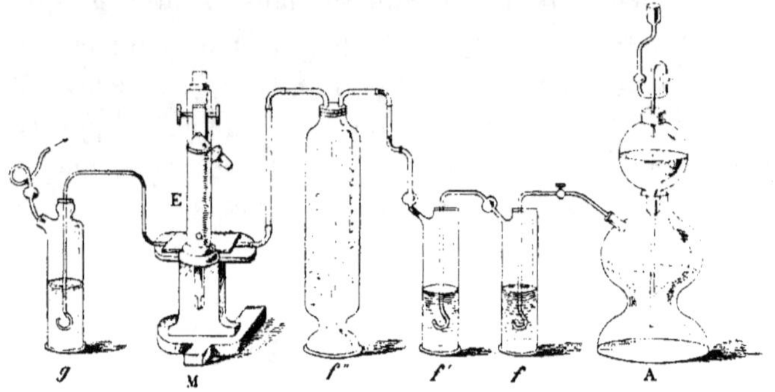

Fig. 8.

Appareil de Demoor pour étudier l'action des gaz sur la cellule. — A, appareil à dégagement constant (ici, c'est un appareil à hydrogène) : *f, f'', g,* flacons laveurs : *f''',* flacon rempli de papier à filtrer imbibé d'eau : M, microscope avec chambre humide d'Engelmann E.

(Clark), à 6-8 centimètres de mercure pour une cellule de poil staminal de Tradescantia (Demoor).

En revanche, l'oxygène pur accélère les mouvements protoplasmiques, comme Demoor l'a constaté (leucocytes, cellules de Tradescantia).

L'*hydrogène* accélère au début les mouvements pseudopodiques (Amibes, leucocytes, Kühn) et les mouvements des granulations plasmatiques (cellules de Tradescantia, Demoor), puis les mouvemements s'arrêtent, le protoplasme devient très granuleux, les leucocytes et les Amibes deviennent sphériques, et les mouvements ne reprennent que si l'on fait passer un courant d'air sur la cellule. Si le courant d'hydrogène agit plus longtemps, le protoplasme est tué.

L'acide carbonique et *l'oxyde de carbone* ont la même action que l'hydrogène (Demoor), mais sont encore plus nocifs, et l'activité protoplasmique, surtout avec CO_2, est éteinte au bout de 3-6 minutes, chez les leucocytes et les cellules végétales. D'après Loeb et Hardesty (1895) le noyau des Paramœcies devient sphérique, granuleux, et perd sa forme amœboïde.

L'ammoniaque joue le rôle d'un excitant à dose faible, et d'anesthésique à dose plus forte, ou par une action durable. En solution à 10 p. 100 d'eau, il provoque dans les cellules de Tradescantia l'apparition de vacuoles et bientôt une coagulation partielle. Le protoplasme devient très granuleux et s'accumule autour du noyau. Bokorny (1888) et Loew (1889) ont constaté dans les cellules de Spirogyra qu'une solution d'ammoniaque à 10 p. 100 fait apparaître des granules, des « protéosomes » à réactions spéciales vis-à-vis des substances basiques, et cela sans que la vie cellulaire soit modifiée.

A 1 p. 100 les Amibes meurent, à 0,5 p. 100 subissent une dégénérescence vacuolaire, et à 1 p. 1000 meurent le plus souvent. Le carbonate d'ammoniaque amène une action encore plus forte (Bokorny).

En résumé, l'action des gaz divers sur le protoplasme est surtout une action nocive, par diminution d'oxygène. On peut constater qu'il se produit une excitation préalable des mouvements internes et externes, non seulement par augmentation de la quantité d'oxygène, mais aussi par diminution. Le premier symptôme de l'asphyxie est donc une *excitation vitale*, suivie bientôt d'une *dépression vitale*, qui se termine par la mort, si l'oxygène vient à manquer tout à fait. B. Danilewsky et moi-même avons constaté que les Hémosporidies, parasites des globules rouges du sang des Vertébrés, offrent des mouvements plus vifs lorsqu'on ajoute à la préparation un peu de pyrogallol; de même, certaines Gymnosporidies (Plasmodium, Hemoproteus, Halteridium) présentent au sortir des vaisseaux des stades de dégénérescence flagellaire, qui se forment plus vite et ont des mouvements flagellaires plus vifs, lorsqu'on use du même procédé. Il semble que la cause soit la même, et qu'il faille attribuer, en partie, à la réalisation d'un sang *asphyxique* une surexcitation vitale, qui est bientôt suivie de la mort.

Action de diverses substances chimiques. — Nous avons résumé dans un tableau les actions occasionnées sur le protoplasme par diverses substances chimiques. Toutes ces substances agissent en solution. Nous n'ajouterons que quelques mots sur l'action des anesthésiques, des alcaloïdes et des alcools.

Les *anesthésiques* (chloroforme, morphine, hydrate de chloral) diminuent l'excitabilité, surtout chez les cellules nerveuses, ce qui explique l'action de ces substances chez les Métazoaires. Ils agissent par inhibition et paralysent bientôt l'activité cellulaire. Mais il y a d'abord une excitation préalable; ce que Demoor, Kühn, Elfing ont constaté chez des Algues et des Infusoires.

Les *alcaloïdes* agissent aussi très vivement sur les cellules ganglionnaires. Ils paraissent occasionner la rétraction des dendrites. En général, ils diminuent aussi l'excitabilité protoplasmique.

TABLEAU I

Action de divers réactifs chimiques sur le protoplasma.

SUBSTANCES	CELLULES	RÉSULTATS DE L'EXPÉRIENCE	AUTEURS
Ozone, O³	Bactéries	Mort	Ohlmüller.
Peroxyde d'hydrogène, H²O²	Ciliés	Solution à 0,01 p. 100. Mort en 15 à 30 minutes.	Paneth.
		à 0,005 p. 100. Résistent.	
	Algues	Solution à 0,1 p. 100 } pendant 10-12 jours. Résistent. pendant quelques minutes. Mort.	
Protoxyde d'azote, Az²O	Cellules des poils staminaux de Tradescantia	Mouvements plus vifs	Demoor.
Chromate neutre de soude, Na²CrO⁴	Bactéries anaérobies	Solution à 0,05 p. 100. Mort.	Lœw.
Bichromate de potasse, K²Cr²O⁷	Cellules de Spirogyra	à 0,1 p. 100. Mort en quelques heures.	Lœw.
Permanganate de potasse, KMnO⁴	Paramœcies	à 0,2 p. 100. Mort en 1 minute.	Lœw.
Chlorate de potasse, KClO³	Cellules de Spirogyra	à 0,01 p. 100. Mort.	Lœw.
	Bactéries anaérobies	à 0,5 p. 100. Mort.	
	— aérobies	à 3 p. 100. Résistent.	

Acide arsenieux, H^3AsO^3	Infusoires	A o,i p. 100. Résistent	
Acide arsénique, H^3AsO^4	Spirogyra	A o,i p. 100. Mort	Schultz.
Ammoniaque. AzH^3	Cellules de Tradescantia	10 p. 100. Excitation, puis anesthésie et coagulation du plasma.	Demoor.
	— de Spirogyra	o,001 p. 100. Résistent	Bokorny.
CO^2 et CO	— de Tradescantia	Mort	Demoor.
	Leucocytes		
Bromoforme. CBr^3H	Cellules de Tradescantia	(Vapeurs). Anesthésie	Kühn, Demoor.
	Leucocytes		Demoor.
Chloroforme. CCl^3H	Hæmogregarina, Danilevskya (Hémosporidies)	Solution à 2 p. 1000. Anesthésie	Labbé.
	Ciliés	Anesthésie	Schürmayer.
	Zoospores	—	Id.
Ether, $C^4H^{10}O$	Chlamydomonades	Solution de 1 p. 100 à 5 p. 100. Excitation	Schürmayer.
		— de 12-25 p. 100. Anesthésie	Elfing.
	Noctiluque	Anesthésie	Massart.
Hydrate de chloral, $C^2Cl^3O^2H^3$	Infusoires, algues, diatomées.	Solution à o,1 p. 100. Mort.	
Sulfonal. $C^7H^{16}S^2O^4$	Id.	— à o,1 p. 100. Mort	
Alcools divers	Infusoires. Cellules de Spirogyra.	Mort suivant les doses et les natures.	Tsukamoto.
	Bactéries, algues, infusoires.	Résistent 24 heures à une solution à 1 p. 100	
Acide chlorhydrique. HCl.	Spores de bactéries.	Solution à 2 p. 100. Résistent.	Migula.
Acide sulfurique. H^2SO^4	Cellules glandulaires de Dolium. Cassis, etc.	— à 2 p. 100. Résistent.	Lœw.
	Algues, leucocytes	— à 1 p. 100. Résistent.	Migula.
Acide phosphorique. PO^4H^3	Sporozoaires, spermatozoïdes	— à 1 p. 100. Résistent	Zacharias, Labbé.

SUBSTANCES	CELLULES	RÉSULTATS DE L'EXPÉRIENCE	AUTEURS
Phosphate de soude, $Po^4H Na^2$	Sporozoaires, spermatozoïdes	Solution à 1 p. 100. Résistent. . . .	Labbé.
Acide citrique	Cellules de Drosera.	à 0,23 p. 100. Résistent.	Lœw.
Acide tartrique, $C^4H^6O^6$ . . .	Infusoires, cellules de Drosera	— à 0,23 p. 100. Résistent . .	Lœw.
		— à 0,5 p. 100. Mort.	Lœw.
Acide formique, CO^2H^2 . . .	Bactéries.	— à 0,05 p. 100. Mort.	
	Cellules de Chara.	— à 0,05 p. 100. Paralysie.	
Potasse, Koll	Bacilles du typhus et du cho-		
	léra.	à 10 et 18 p. 100. Résistent.	
Carbonate de potasse, K^2CO^3.	Bactéries.	à 0,8 et 1 p. 100. Mort. . .	Lœw.
	Diatomées	à 0,001 p. 100. Mort en 2 4 h.	Lœw.
Hydroxylamine, AzH^3O . . .	Infusoires	— à 0,005 p. 100. Mort en 36 h.	Lœw.
	Stentor	— à 0,25 p. 100. Anesthésie en	
		10-20 minutes.	Hoper.
Hydrazine, Az^2H^4	Algues.	— à 0,01 p. 100. Mort	Lœw.
Phénylhydrazine, $C^{12}H^{12}Az^2$.	Infusoires et Algues	— à 0,0067 p. 100. Mort en 18 h.	
Phénol, C^6H^6O	Algues.	— à 1 p. 100. Mort en 20 min.	
Résorcine, $C^6H^6O^2$	Infusoires, algues vertes. . .	à 0,1 p. 100. Mort en 18 h. .	
Acide hydrocyanique	Infusoires	— à 0,1 p. 100. Mort.	
	Bactéries.	— à 0,01 p. 100. Mort	Lœw.
Formaldéhyde, CH^2O. . . .	Noctiluque	Mort	Massart.
	Spirogyres.	Solution à 1 p. 100. Anesthésie. . . .	Lœw.
	Leucocytes.	Anesthésie.	Demoor.
Curare	Amœba	Solution à 0,8 p. 100. Paralysie. . .	Nikolski et Do-giel.

Antipyrine	Noctiluque.	— à 0,25 p. 100. Anesthésie. .	Massart.
Morphine (chlorhydrate). . .	Hémosporidies.	Anesthésie (solution à 1 p. 1000). .	Labbé.
	Cellules sexuelles.	— à 0,005 p. 100. Paralysie . .	Frères Hertwig
Quinine (sulfate et chlorhy-	Leucocytes.	— à 0,005 p. 100. Paralysie . .	Ten Bosch.
drate de).	Hémosporidies	— à 0,1 p. 100. Mort	Labbé.
	Gymnosporidies (Plasmodium malariæ).	— à 0,1 p. 100. Mort	Rossbach.
	Protozoaires divers	— à 0,1 p. 100. Mort	Id.
	Infusoires divers	— à 0,1 p. 100. Résistent . .	Rossbach.
Strychnine (nitrate de). . . .	Paramœcies	— à 0,01 p. 100. Mort en 5 min.	Schürmayer.
	Stylonichia.	— à 0,0055 p. 100. Mort. . .	Rossbach.
	Œufs d'Oursin.	— à 0,005 p. 100. Mort en quelques minutes	Frères Hertwig
Vératrine	Ciliés	Mort	Rossbach.
Atropine.	—	—	Kühn.
	Protistes divers.	Excitation, puis anesthésie	Schürmayer. Massart.
Cocaïne (chlorhydrate de). .	Hémosporidies.	Anesthésie (solution à 0,1 p. 100) . .	Labbé.
	Cellules sexuelles.	—	Frères Hertwig
	— des tissus	— et empoisonnement	Danilevsky, Albertone.
Caféine	Amibes	Solution à 1 p. 1000. Courants du protoplasma(1) et mouvements actifs	Bokorny.
	Paramœcies	— à 1 p. 1000. Anesthésie et hypertrophie de la vésicule contractile.	Bokorny.

(1) Il se produit sans doute une polymérisation de l'albumine active, car la réfringence devient plus considérable.

Les *alcools* ont une action variable. De tous, l'alcool allylique est le plus nuisible : une solution à 0,005 p. 100 tue les Spirogyres et les Infusoires ; les alcools éthylique et méthylique sont les moins nocifs et ne sont mortels qu'en solution à 2 et 4 p. 100. D'une façon générale le plasma animal paraît être plus sensible aux bases que le plasma végétal (Bokorny).

L'action des *acides* est variable. La présence des acides, en particulier de l'acide phosphorique, est indispensable, à très faible dose, et paraît être un stimulant pour la croissance en longueur de certaines algues (Spirogyra, Œdogonium, Cladophora, etc.), c'est-à-dire pour la division cellulaire (Migula), mais semble restreindre le métabolisme.

Loew et Bokorny (1881), se basant sur la réduction par le protoplasma des solutions étendues de nitrate d'argent, pensent que sous l'action des alcalis et alcaloïdes, il se forme des granulations spéciales albuminoïdes (protéosomes) qui, renfermant du tanin et de la lécithine, réduiraient ces sels d'argent. Le pouvoir réducteur du protoplasma a du reste été bien mis en évidence par Gautier : l'indigo et le bleu d'alizarine se décolorent en absorbant de l'hydrogène.

Nous ne pouvons insister davantage sur ces données de chimie cellulaire, non plus que sur l'action des matières colorantes sur le protoplasma vivant.

Chimiotropisme et chimiotactisme. — Engelmann, le premier, a étudié l'action de diverses substances chimiques sur la locomotion de cellules libres mobiles (Bactéries, Diatomées), puis Pfeffer, Stahl, Massart, etc., étudièrent le chimiotactisme des zoospores, Flagellés, Ciliés, Myxomycètes ; Labbé, celui des Sporozoaires sanguicoles ; Pfeffer, Dewitz, celui des spermatozoïdes et anthérozoïdes; Leber, Büchner, Metchnikoff, Massart et Bordet, Gabritchevsky, etc., celui des leucocytes.

La meilleure méthode paraît être celle des tubes capillaires qu'on remplit de la substance dont on veut

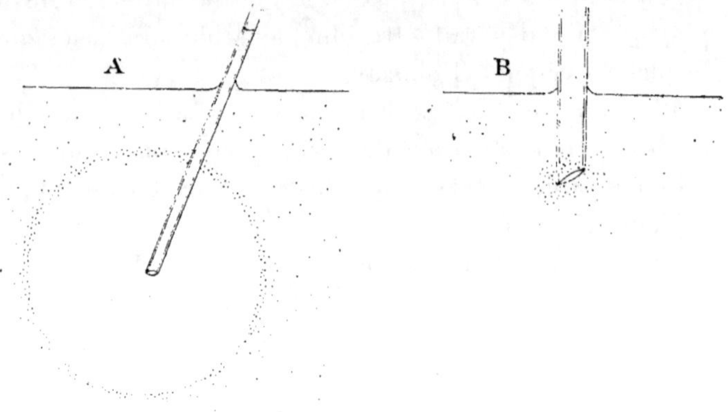

Fig. 9.

Chimiotactisme d'une bactérie sulfureuse (Chromatium Weissi). — A, chimiotactisme négatif pour une solution d'acide malique à 0,5 p. 100; B, chimiotactisme positif pour une solution d'azotate d'ammoniaque à 0,3 p. 100 (d'après Manabu Miyoshi).

étudier le pouvoir chimiotactique, et qu'on plonge dans l'eau contenant les organismes (fig. 9).

Pour les leucocytes ou les Protozoaires sanguicoles, on peut user de plusieurs procédés (1); le meilleur consiste à prendre des tubes capillaires très fins, stérilisés, qu'on remplit de la substance en étude et qu'on introduit dans une veine de l'animal en expérience.

L'oxygène exerce généralement une attraction puissante. Les expériences d'Engelmann, Stahl, Verworn, en font foi.

La figure 10 représente une Diatomée entourée de

---

(1) Labbé. *Arch. zool. exp.*, 1896, p. 148.

nombreuses Bactéries, attirées par l'oxygène que cette Algue met en liberté (Verworn).

Une expérience classique de Stahl sur l'Æthalium septicum montre aussi combien les Myxomycètes sont sensibles à l'action de l'oxygène.

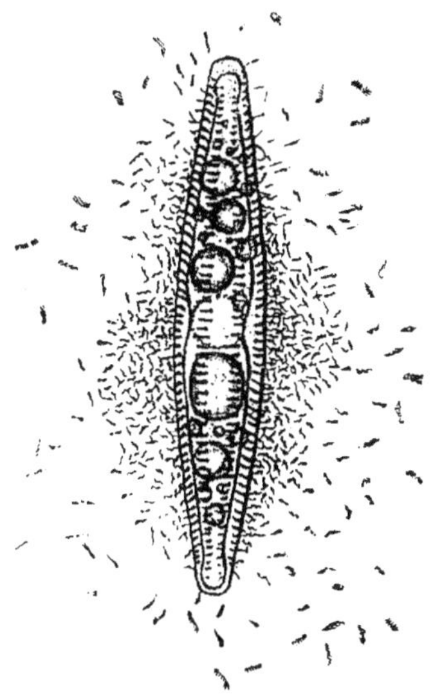

Fig. 10.

Grande diatomée (Pinnularia) entourée d'un amas de Spirochœte plicatilis (d'après Verworn).

Dans une préparation, les Infusoires, Flagellés, Schizomycètes, se rassemblent toujours autour des bulles d'air.

Une observation de Massart est aussi intéressante. Dans une préparation contenant des Anophrys et des Spirilles, ces organismes désertent la zone moyenne et s'accumulent sur les bords de la lamelle ou autour des bulles d'air, afin de rechercher l'oxygène. Il y a un optimum pour chaque espèce, si bien qu'on peut distinguer une zone à Spirilles et une zone à Anophrys (fig. 11).

Pfeffer, Stange et d'autres ont étudié l'action de beaucoup de substances chimiques sur divers organismes.

En général les acides inorganiques et les bases déterminent une répulsion. Cependant les spermatozoïdes des Mammifères sont attirés par l'acide phosphorique et la potasse (Dewitz).

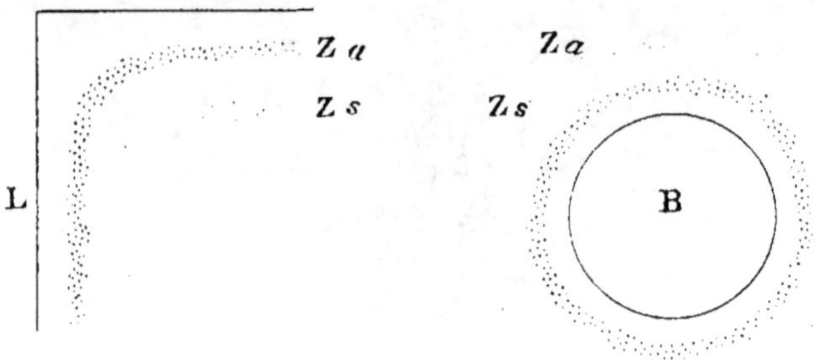

Fig. 11.

Acrotactisme des Spirilles et des Anophrys. — L, angle d'une préparation; B, bulle d'air; Z s, zone à Spirilles; Z a, zone à Anophrys (d'après Massart).

Les alcools sont négativement chimiotactiques pour le Bacterium thermo entre 10 p. 100 et 1 p. 100.

L'acide malique détermine une forte réaction pour les anthérozoïdes des Fougères entre 0,05 p. 100 et 4 p. 100, pour les spermatozoïdes du Rat à 0,001 p. 100 (Pfeffer), pour les Hémogrégarines vers 1 p. 1000 (Labbé).

L'urée, l'asparagine, la créatine, la taurine, l'hypoxanthine, la carnine attirent fortement les zoospores et anthérozoïdes (Pfeffer); les peptones et l'hémoglobine, les Hémogrégarines du sang de la Grenouille (Labbé); l'acide acétique à 0,01 p. 100, l'acide tartrique à 0,0125 p. 100, l'acide butyrique à 0,2 et 4 p. 100, l'acide valérique entre 0,2 et 4 p. 100, les Myxomycètes et les zoospores (Stange); le salicylate, le sulfate de morphine, pour Bacterium termo (Pfeffer), etc.

D'après Dewitz et Stange, les spermatozoïdes et les zoospores offrent un chimiotactisme positif pour la potasse, les phosphates de soude, d'ammonium, de lithium, de calcium, l'acide phosphorique, un chimiotactisme négatif ou indifférent pour azotate de potasse, sulfate de potasse, chlorate et carbonate de potasse, chlorure de barium, sulfate de magnésie, etc.

Une Bactérie sulfureuse, Chromatium Weissi, a un chimiotactisme positif pour H_2S en solution faible, négatif en solution forte (Manabu Miyoshi).

Le tableau suivant, emprunté partiellement à Olga Kowalewska (1897), montre les réactions des leucocytes à l'égard de substances à des doses diverses :

TABLEAU II

Chimiotactisme des leucocytes (OLGA KOWALEWSKA).

SUBSTANCES	DOSE DE LA SOLUTION	DEGRÉ DE LA CHIMIOTAXIE
Iodure de potassium.	2 p. 100.	Faiblement positive.
—	5 —	Fortement positive.
Trichlorure d'iode.	1 p. 1 000.	—
—	6 —	—
—	1 p. 10 000.	—
Monochlorure d'iode.	1 p. 1 000.	Attraction modérée.
—	2 p. 1 000.	— plus forte.
—	1 p. 100.	— très forte.
Biiodure de mercure.	0.2 p. 1 000.	— —
—	0.5 —	— —
Sublimé.	0.20. 0.5 et	— forte.
	1 p. 1 000.	
Chlorure de zinc.	0.5. 2.5. et	— —
	5 p. 1 000.	
Sulfate de zinc.	0.5. 2 et 1 p. 1 000.	— —
NaCl + Na²CO³.	0.75. 2.5 p. 100.	— —

Ce tableau nous indique quelque chose de plus, à savoir que la dose de substance est un facteur important et que telle substance peut déterminer une répulsion à dose forte, une attraction à dose plus faible. Le tableau suivant, emprunté à Stange, est à ce sujet très convaincant :

TABLEAU III

Chimiotactisme des zoospores des Saprolégniées [1] *(Stange).*

SOLUTION P. 100	PHOSPHATE DE SOUDE HNa^2Po^4	MONOPHOSPHATE DE POTASSE H^2KPo^4	PHOSPHATE D'AMMONIUM $(H^2AzH^4PO^4)$?	ACIDE PHOSPHORIQUE H^3PO^4
0.8 à 0.4	a_3r_2	a_3r_2	a_3r_3	R
0.4 à 0.08	a_2r_1	a_2r_1	»	»
0.08 à 0.04	a_2	a_2	a_2	a_1r_2
0.01 à 0.02	o	a_1	a_1	a_1r_1
0,02 à 0,008	»	o	o	a_2
0,008 à 0,004	»	»	»	a_1
0,004 à 0,002	»	»	»	o

En partant de ce principe qu'une certaine dose de substance peut exercer un chimiotactisme positif, et qu'une dose plus forte exerce un chimiotactisme négatif; en observant que l'action attractive, à partir d'une certaine limite, augmente en proportion de la concentration de la solution, on peut arriver à cette conclusion que la substance agit surtout par différences de concentration.

---

(1) Dans ce tableau, o indique une attraction nulle, a une attraction, a_1 une attraction légère, a_2 une attraction forte, $a_2 r_1$ une attraction en partie balancée par une répulsion due à la densité, de telle sorte que l'organisme reste dans la première partie du tube, $a_3 r_3$ balancement des forces en opposition de telle sorte que l'organisme reste à l'ouverture du tube capillaire : R = répulsion.

Si un tube capillaire renferme une certaine substance,
cette substance diffuse lentement dans l'eau ou le liquide
où est plongé ce tube, si bien qu'il se produit des zones
concentriques de liquide, où la concentration varie. La
substance, du moins c'est ce que semblent montrer les
expériences de Pfeffer, n'agit que par différences de
concentration et par suite par une série d'excitations
graduées.

ACTION DES AGENTS MÉCANIQUES

On peut considérer comme réaction à un agent méca-

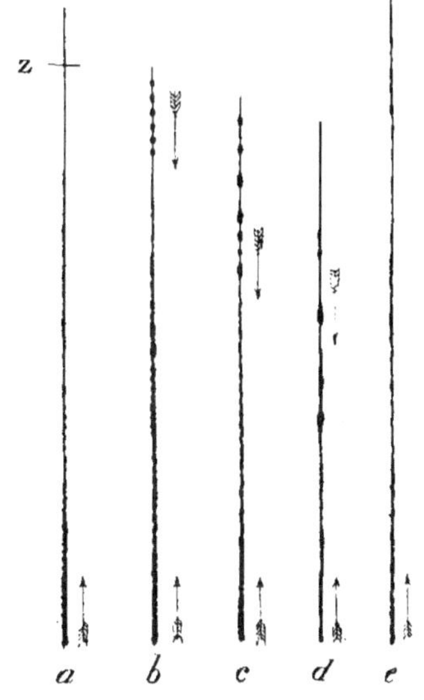

Fig. 12.

États successifs d'un pseudopode d'Orbitolites. — La rétraction est le
résultat d'une excitation par section en Z; les flèches indiquent la
direction du courant protoplasmique d'après Verworn

nique, la réaction de contact à un corps solide, même
à une vibration sonore. C'est ainsi que Massart a cons-

taté que la phosphorescence des Noctiluques est arrêtée par des vibrations sonores ou une excitation mécanique. Les leucocytes rétractent leurs pseudopodes au contact d'un corps solide et deviennent sphériques (Massart et Bordet). Les Protozoaires, même très inférieurs, se détournent au contact d'un corps solide. Au contact d'un corps solide, même d'un Infusoire ou d'un Rotifère,

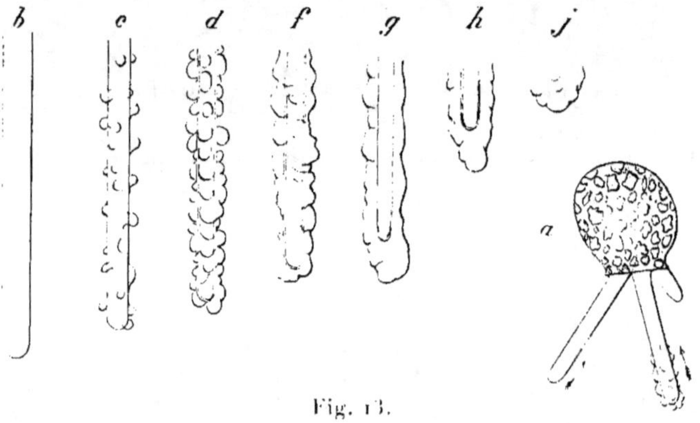

Fig. 13.

a, Difflugia lobostoma: *b*, *c*, *d*, *f*, *g*, *h*, *j*, séries des phases successives de contraction d'une Difflugia après excitation totale (d'après Verworn).

les pseudopodes d'Actinosphærium et de Thalassicole sécrètent une matière agglutinante (Verworn). Des cellules de Chara ou de Vallisneria cessent leurs mouvements protoplasmiques si on les transporte sur un corps solide. De même si on pince ou si on lie des cellules de Chara et de Nitella, les courants s'arrêtent pour recommencer isolément dans chaque partie.

Très intéressants sont les courants produits dans les pseudopodes de Difflugia ou d'Orbitolites au contact d'un corps solide, c'est-à-dire par stimulation locale. Les figures ci-contre montrent la marche générale du phénomène. Il y a tendance du protoplasme à se ramasser et à montrer des varicosités.

À ces effets produits par les agents mécaniques sur le métabolisme et les mouvements, se rattache le *tigmotactisme* (θιγμα, contact) ou *stéréotactisme* (στερεός, solide) qui est une direction de locomotion que plusieurs auteurs, Pfeffer, Verworn, Massart, Dewitz, Loeb, ont observé, et qui se traduit par une adhésion [1] aux corps solides.

On pourrait aussi y rattacher le *rhéotactisme*, ce curieux phénomène observé par Rosanoff dans les plasmodies d'*Ethalium septicum* : les mouvements protoplasmiques intraplasmodiaux vont au rebours du courant d'eau qu'on détermine autour de la plasmodie ; si on renverse le sens du courant, le sens du courant protoplasmique change également.

Il est probable que ces phénomènes ne se rattachent pas à une action chimique, mais purement physique, encore que cette action soit mal expliquée.

ACTION DE LA PESANTEUR

L'action de la pesanteur sur la structure cellulaire n'a pu être vérifiée que dans quelques cas, par Dehnecke (1880), en particulier pour les grains de chlorophylle. Une autre observation intéressante de Herrick (1895) a montré que dans l'ovaire du Homard, le nucléole des œufs ovariens a une position excentrique, et que cette position varie avec la direction de la pesanteur (fig. 14).

La direction des cellules libres ou géotactisme a été beaucoup plus étudiée.

Schwarz (1884) a constaté que les Euglènes et les Chlamydomonades s'accumulent aux parties supérieures du

---

[1] Le Dantec invoque pour expliquer ce phénomène l'*attraction moléculaire*.

vase qui les contient, et se dirigent vers le centre du clinostat (1), si on le fait tourner. Ils sont donc négativement
géotropiques. Aderhold, Verworn, Massart, Jensen,
ont répété ces expériences sur différents protozoaires.
Pour Verworn l'orientation verticale des Flagellés est

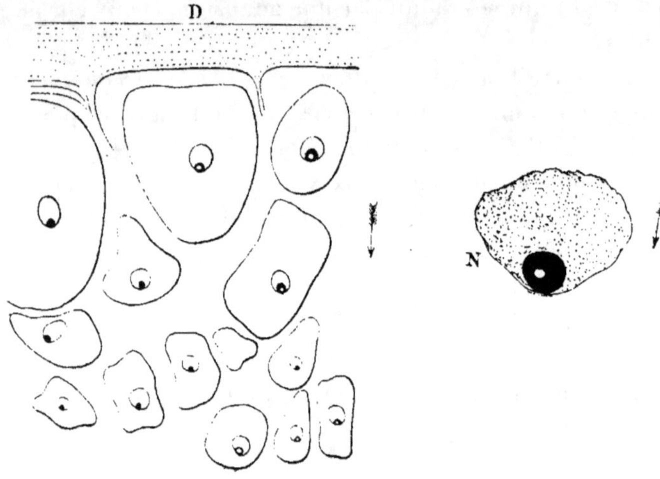

Fig. 14.

Coupe de l'ovaire d'un Homard perpendiculairement à la surface dor
sale. — D, les nucléoles sont tous du côté ventral ; les flèches
indiquent la direction de la pesanteur (grossiss. 50 d.). En N, un
noyau isolé à nucléole ventral (grossiss. 248 d. (d'après Herrick).

due à une cause toute mécanique, à une série de petites
chutes, et non à une irritabilité spéciale. Pour Massart,
au contraire, il y a transport actif des organismes et
non série de petites chutes, c'est-à-dire irritabilité spéciale. Tous les mouvements de montée et de descente
observés par Verworn sont dus à l'influence de
l'oxygène qui contrebalance quelque temps celle de la

____

(1) Sous le nom de clinostat, on désigne un appareil formé d'une caisse
cubique qui peut être soumise à une rotation prolongée autour d'un axe. Les
parois portent des tubes de verre, où l'on place les organismes en expérience.

pesanteur. Il y a donc lutte entre le géotropisme et le chimiotropisme ou l'aérotactisme.

La théorie de Jensen est tout autre. Pour cet auteur, qui a étudié soigneusement le géotropisme de nombreux Protozoaires, le géotropisme est une conséquence de la pression hydrostatique, et l'orientation géotropique produit des différences de pression hydrostatique. Jensen a ingénieusement expliqué cette hypothèse, dans le détail de laquelle nous ne pouvons entrer, et explique bien ainsi les séries de mouvements exécutés par un Protozoaire qui vit dans l'eau. Mais cette explication ne peut être généralisée.

Quoi qu'il en soit de l'explication, il est certain que la pesanteur exerce une action sur la distribution des substances cellulaires et détermine un axe du corps cellulaire en même temps qu'une direction certaine de locomotion, qui peut du reste être annulée par d'autres tactismes.

ACTION DE LA TEMPÉRATURE

Effets de la température sur le métabolisme et l'irritabilité du protoplasma. — Le premier effet d'une légère élévation de température sur les cellules ou les organismes uni-cellulaires est une excitation des processus métaboliques et de l'activité protoplasmique. La chaleur est un excitant. Soumis à une élévation de température, les Ciliés augmentent la rapidité des pulsations de la vésicule pulsatile, et le mouvement de leurs cils ; cela se produit jusqu'à 25° environ. Entre 25° et 30° il y a un optimum pour lequel l'excitabilité est plus grande ; à partir de 30° jusqu'à 35°, les mouvements ciliaires deviennent plus violents, ne sont plus coordonnés, et au-dessus de 35°, les mouvements cessent (Rossbach, Schurmayer).

J'ai de même observé que certains Sporozoaires, les Hémogrégarines parasites du sang de la Grenouille, offrent des mouvements plus vifs avec une légère élévation de température (1894, p. 148).

Les Chlamydococcus accélèrent leurs mouvements avec une élévation de température.

Dans les cellules végétales (Nitella, Elodea, Tradescantia, Chara), on observe de même un mouvement plus vif des granulations plasmiques (Naegeli). Les cellules ciliées de l'œsophage et de l'utérus de la Grenouille, les cellules ciliées du manteau de l'Anodonte, offrent de même une accélération plus rapide des mouvements, en relation avec un accroissement de chaleur (Calliburcès, Engelmann). Massart a aussi constaté que la chaleur (60°) et le froid sont un excitant pour la phosphorescence des Noctiluques.

Pour une légère élévation de température, la chaleur est donc un excitant.

Limites de la température vitale. — L'étude de l'action de la température sur le protoplasma montre qu'il existe un optimum pour lequel les mouvements sont plus vifs, le métabolisme et le mouvement interne des granulations sont plus actifs. Cet optimum paraît être d'environ 30° à 35°, et peut-être de 35° à 40° pour les cellules des Vertébrés. En deçà et en delà de cet optimum il y a des limites maxima et minima pour lesquelles la vie n'est plus possible, et pour lesquelles tous les processus vitaux s'arrêtent. Cela ne veut pas dire que la vie cesse. En effet, dans les cellules soumises à une brusque congélation ou une brusque élévation de température, on observe un curieux phénomène, la *rigidité thermique*, qui abolit pendant un certain temps les processus de la vie sans amener la mort. Si on congèle pendant quelques minutes des cellules de Tradescantia à — 14° C., puis qu'on les remette dans l'eau à la température ordinaire, on voit le réseau protoplasmique former des masses, des amas, des gouttelettes éparses, qui au bout d'un moment peuvent reprendre l'aspect et le mouvement circulatoire normal. La même chose se passe pour les cellules des poils d'Ecbalium qui, brusquement refroidies de 40° à 16°, arrêtent leurs mouvements pour les reprendre un moment après.

Les leucocytes (Maurel, Demoor) qui rentrent leurs pseudopodes arrêtent leurs mouvements, s'arrondissent et prennent un aspect granuleux particulier.

Si on continue l'action de l'abaissement ou de l'élévation de température, il se produit une coagulation, un gonflement du plasma, et enfin la mort.

Ce processus est le même, qu'il s'agisse de cellules végétales (Kühne), de Myxomycètes (Kühne) ou de Rhizopodes (Schultze).

Il y a donc un maximum et un minimum pour lequel la vie est abolie. Une trop grande excitation thermique produit la cessation du mouvement, puis la mort.

Ces températures maxima et minima varient beaucoup. Nous avons résumé en deux tableaux, en partie empruntés à l'excellent livre de Davenport, les températures extrêmes que peuvent atteindre des cellules ou des organismes unicellulaires (p. 36-37).

Thermotactisme et Thermotropisme. — La chaleur détermine en général un thermotropisme positif. Une expérience de Stahl sur les Myxomycètes est classique : on prend deux verres contigus, remplis d'eau chaude, l'un à 30°, l'autre à 7°. Sur une feuille de papier buvard, placée entre les rebords de ces verres, et trempant dans chacun d'eux, on place un individu d'Æthalium. On voit alors la plasmodie émigrer vers l'eau la plus chaude.

Mendelssohn (1895) a montré de même combien chez les Paramœcies le thermotropisme est important. Des différences de température de 0°,01 C. déterminent une orientation locomotrice des Infusoires ; même une élévation de température de 0°,005 C. détermine un effet thermotropique, qui est d'autant plus fort que la température est plus élevée. Cet auteur constate ce fait intéressant, qu'à température constante, même élevée, les Infusoires ne montrent aucun mouvement, et que la chaleur ne traduit son action sur la direction du mouvement que par des différences d'intensité, ces différences fussent-elles très faibles.

ACTION DE LA LUMIÈRE

Nous ne pouvons nous étendre ici sur les effets chimiques de la lumière sur le protoplasma (1), mais nous devons parler de l'action sur le métabolisme et les mouvements.

La lumière avant tout agit comme excitant. Il y a un *phototonus* (Engelmann), c'est-à-dire un stade d'irritabilité maximum du protoplasma pour une certaine intensité lumineuse. On peut rapporter à une excitation lumineuse le fait que certains organismes ne peuvent se développer qu'à l'obscurité. C'est ainsi que d'après

---

(1) On peut consulter à cet égard DUCLAUX, *C. R. Ac. Sc.*, 8 nov. 1886 ; DOWNES et BLUNT, *Proc. R. Soc. London*, v. XXVI, p. 488, et v. XXVIII, p. 199 (1878-1879), ainsi que les auteurs qui se sont occupés de la fonction chlorophyllienne. Pour l'application et les méthodes, voir l'excellent livre de DAVENPORT, Experimental Morphology, 1, p. 155.

TABLEAU IV

Tableau des températures maxima pour les organismes unicellulaires et les cellules.

CELLULES	TEMPÉRATURE maxima C.	RÉSULTATS ET CONDITIONS D'EXPÉRIENCE	AUTEURS
Æthalium septicum	40°	Le plasmodium meurt au bout de 2 min.	Kühne (1864, p. 87).
Amœba	40 à 45°	Mort	—
Actinophrys	42°	— Activité ralentie à 38°	Schultze (1863, p. 34).
Miliolida	43°	—	— (1863, p. 38).
Flagellés variés et zoospores	40 à 60°	Plus ordinairement entre 45 et 50°.	Bütschli (1884, p. 860).
		Cessation du mouvement à ces températures.	Strasburger (1878, p. 611). Dallinger (1880, p. 870).
Infusoires variés	45°	Peuvent résister un certain temps.	Schürmayer (1890, p. 412).
Paramecies	42 à 46°	Par élévation graduelle de chaleur	Mendelssohn (1895, p. 19).
Stentor	44-50°	Température élevée graduellement	Davenport, Castle (1895, p. 229).
Vorticellidæ	41-42°	Mort	Schultze (1863, p. 49).
Drepanidium ranarum	40°	Coagul. du protopl. après excitation.	Labbé (1894, p. 148).
Cellules des tissus.			
Spermatozoïdes humains	50°	Mort en 10 minutes	Mantegazza (1866, p. 186).
Muscles de Vertébrés	40-45°	—	Kühne (1859, p. 784).
— de Grenouille	45-50, 35°	—	Gotschlich (1893, p. 123).
Bactéries	45° C.	Température maxima du développement dans un liquide	Cohn (1877, p. 253; 1894, p. 150).
Levure	53°	Mort	Schützenberger (1879, p. 162).
Oscillatoriæ	45°		
Nostoc	42°		
Spirogyra	44°	Mort	De Vries (1870, p. 388).
Œdogonium	44°		
Cellules végétales	47-48°	Mort	Schultze (1863, p. 48).

TABLE V

Tableau des températures minima.

CELLULES	TEMPÉRATURE minima en degrés C.	RÉSULTATS ET CONDITIONS DE L'EXPÉRIENCE	AUTEURS
Protozoaires.			
Amœba	0°	Mélange réfrigérant (glace et sel)	Kühne (1864, p. 46).
Cellules végétales.			
Tradescantia	— 3 à — 4°	Mouvements protoplasmiques arrêtés	Demoor (1894, p. 194).
	— 14° +	Rapidement refroidies dans l'eau	Kühne (1864, p. 100).
(Cellules des poils)	— 14° —	Rapidement refroidies dans l'air	
Zoospores	— 1°	Mort	Strasburger (1878, p. 662).
Diatomées	0°	Mort	Miquel.
Cellules animales	— 12,5 à —25°	Cessent leurs mouvements mais continuent de vivre après le dégel	Engelmann.
Leucocytes de Grenouille	— 2 à — 3°	Durant 8 h. et réchauffés rapidement	Schenk (1869, p. 26).
	— 7°	Pendant un court moment, puis réchauffés	— (1869, p. 26).
— de Lapin	— 3°	Durant 15 minutes	— (1869, p. 27).
Globules rouges	— 15° +	Mort	Pouchet (1866, p. 18).
Cellules ciliées de Grenouille	— 90°	Cessent mouvements, mais ne sont pas mortes	Pictet.
Spermatozoïdes d'Amphibiens	— 4 à — 7°	Mort	Schenk (1869, p. 29).
— de Mammifères	— 6° —	Mort	— (1869, p. 30).
— de Grenouille	— 8 à — 10°	Pris dans testicule	Prévost, 1840.
— d'Homme	— 15°	Mort	Mantegazza (1866, p, 183).
Œufs de Bombyx	— 40°	Mort	Pictet.
— d'Amphibiens	— 7°	Durant une heure	Schenk (1869, p. 28).
— d'Oiseaux	— 10°	Mort	Pictet.
Cellules épithéliales ciliées	— 6°	Pendant un court moment	Roth (1866, p. 189).
d'Anodonte	— 3°	— 6 minutes	— (1866, p. 189).
Bacillus anthracis	— 110°	Résistent	Frisch.

Wettstein, les conidies de Rhodomyces kochi, qui sont parasites de l'intestin humain, ne se développent pas à la lumière : il en est de même de certaines Bactéries. Les plasmodiums de Dictydium cessent leurs mouvements la nuit ou à l'obscurité, et les reprennent à la lumière (Sorokin). Certains Infusoires (Pleuronema chrysalis) ne présentent de mouvements actifs qu'à la lumière (Verworn). Un éclairement continu développe la chlorophylle (Bonnier).

Certaines radiations sont du reste plus efficaces : ainsi les radiations bleues et violettes.

S'il existe une *rigidité d'obscurité* du protoplasma, correspondant à une cessation de lumière, il existe par contre une *rigidité lumineuse*, correspondant à un changement d'intensité de lumière. Un changement brusque d'éclairement occasionne chez les Bactéries sulfureuses, les Myxomycètes, les Rhizopodes (Pelomyxa), les zoospores, des contractions brusques, un retour brusque à la forme sphérique, qui ne se produisent pas lorsque se produit une intensité lumineuse graduelle.

Beaucoup mieux étudié est le *phototactisme*, c'est-à-dire la migration dans un certain sens, déterminé par un rayon de lumière, soit qu'il y ait simple migration vers une région lumineuse ou loin de cette région ; soit qu'il y ait changement de direction de la cellule, déterminé par des différences dans les intensités d'éclairement aux deux pôles de cette cellule. Le phototactisme peut être positif ou négatif.

Supposons un Clostérium sur lequel vient tomber un rayon de lumière : cette Desmidiée place son axe dans la direction du rayon de lumière ; et si brusquement on change l'inclinaison, elle se replace dans cette direction ; si on fait arriver la radiation en sens opposé, le Clostérium tourne de 180°, et se replace dans la direction nouvelle. De plus, surtout à une certaine température (33°) le Clostérium exécute une série de pirouettes qui le font approcher en zigzag de la source lumineuse, tout en conservant ses relations avec l'axe de la radiation (Stahl, 80). Le Clostérium est donc négativement phototactique.

La plupart des zoospores, qui sont positivement phototactiques, s'orientent de la même façon, mais ordinairement l'axe de l'organisme coïncide avec l'axe de la radiation ; celles qui sont négativement phototactiques se placent de la même façon, mais les Flagellés sont tournés en sens opposé.

Si on augmente l'intensité de la radiation, les zoospores tournent de 90° et se placent transversalement à la direction du rayon ; elles ne fuient que pour une trop forte intensité lumineuse.

Ces faits curieux ont été constatés pour beaucoup de Flagellés, de zoospores, Algues inférieures. Les Diatomées, les Oscillariés, les Beggiatoa, sont généralement négativement phototactiques.

Les Myxomycètes sont généralement négativement phototactiques. Les plasmodies d'Æthalium se retirent devant un rayon de lumière et ne s'étalent sur le tan qu'à l'obscurité. Les Pelomyxa et autres Rhizopodes Amœba, Actinophrys, Actinosphœrium) offrent des mouvements pseudopodiques énergiques à l'obscurité, et retirent leurs pseudopodes à la lumière ; mais un éclairement *graduel* ne produit plus les mêmes réactions.

On pourrait multiplier ces exemples.

Nous ne parlons pas ici de la migration des corps chlorophylliens. Nous avons donné une figure de Stahl dans laquelle on peut voir la disposition des corps chlorophylliens dans les cellules végétales, suivant l'intensité lumineuse. A une lumière intensive, les corps chlorophylliens sont en outre plus petits et plus sphériques (fig. 15).

Dans les cellules animales, la migration du pigment sous l'influence de la lumière est tout aussi intéressante.

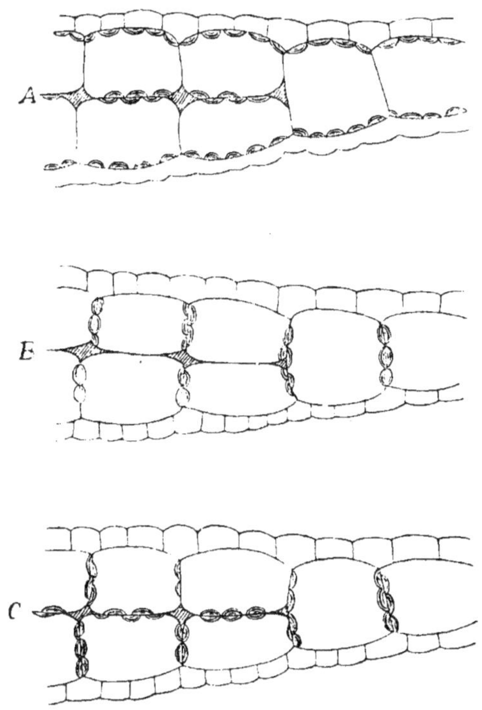

Fig. 15.

Coupe transversale d'une feuille de Lemna trisulca (d'après Stahl). — A, position de face des corps chlorophylliens (lumière diffuse); B, disposition des corps chlorophylliens à la lumière intensive (position de profil); C, disposition des corps chlorophylliens dans l'obscurité.

Dans la peau du Caméléon les cellules pigmentaires sont très ramifiées sous un éclairement suffisant, tandis qu'à l'obscurité les cellules sont concentrées, et ne montrent plus d'arborescences. Dans les yeux des Arthropodes, l'arrangement du pigment diffère aussi à l'ombre et à l'obscurité (Exner, Stefanowska, Szczawinska, Mac Callum). Dans les yeux des Vertébrés, les cellules pigmentaires seraient aussi pseudopodiques Engelmann (fig. 16).

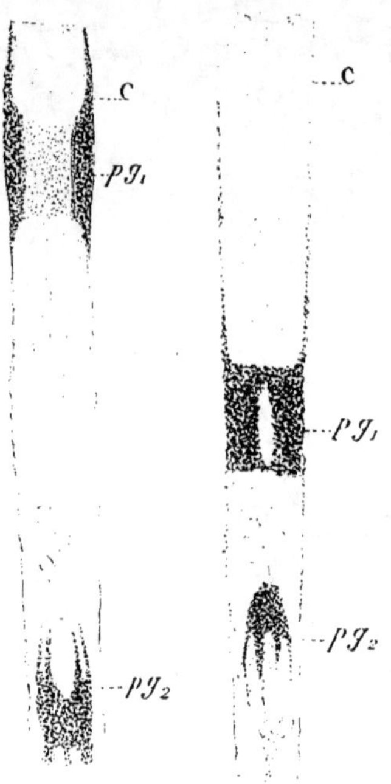

Fig. 16.

Deux ommatidies de l'œil de Palemon squilla (d'après Wanda Szczawinska). — L'une, à gauche d'un œil ayant séjourné à l'obscurité; l'autre, à droite, séjournant à la lumière solaire directe. — C. C. calice: pg_1, pg_2, groupes externes et postérieurs de cellules pigmentaires.

Les chromatophores des divers animaux se contractent aussi à la lumière et s'étalent à l'obscurité. Mais dans tous ces exemples il est difficile de voir la part de l'excitation directe sur la cellule pigmentaire et de l'excitation indirecte par les nerfs.

Il est des circonstances qui influent profondément sur

le phototactisme. La température, par exemple, est un facteur très important, car une élévation de température augmente le phototactisme. Les Chromulina, qui sont positivement phototactiques à 20° C., sont négativement phototactiques à 5° C.

L'influence des conditions chimiques, en particulier de l'oxygène, est aussi importante, surtout pour les Protistes à chlorophylle, qui sont photophiles dans un milieu insuffisamment oxygéné et photophobes dans le cas contraire.

Parmi les raies du spectre, ce sont les rayons violet, indigo, bleu, qui ont le plus d'influence. Les Myxomycètes sont surtout sensibles au bleu (Baranetzky), les zoospores d'algues au bleu-indigo-violet (Strasburger). Les Euglènes se concentrent entre $h = $ 0,47 μ et $h = $ 0,49 μ, c'est-à-dire dans F de Frauenhofer (Engelmann) ; les Bactéries de F à G et jusqu'à ultra-violet (Ward). Il faut cependant noter que Miquel donne les rayons *jaunes* puis *bleus* et *verts* comme les plus efficaces pour les Diatomées. Les expériences récentes ont montré que les rayons Röntgen n'avaient pas d'influence pour le thermotactisme (Axenfeld).

En résumé, si on met à part les organismes unicellulaires et les cellules à chlorophylle chez lesquelles les faits observés se rapportent à la fonction chlorophyllienne, on peut dire que la lumière exerce des modifications sur le métabolisme et le mouvement, que l'absence complète de lumière est fatale à l'énergie thermique et chimique du protoplasma, aussi bien que la température ; que la lumière exerce une action dirigeante sur le protoplasma, d'après les conditions extérieures, d'après le degré de sensibilité du protoplasme à la lumière, et d'après la nature des rayons, qui sont surtout les plus réfrangibles.

ACTION DE L'ÉLECTRICITÉ

D'une façon générale, on peut dire que l'action du courant électrique est celle d'un excitant.

Kühne et Verworn ont bien étudié les actions du courant électrique sur des Rhizopodes : Actinosphærium,

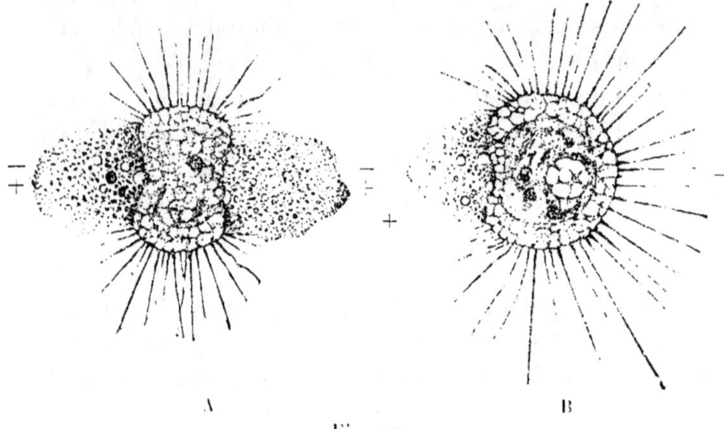

Fig. 17.

Fig. 17 A. — *Actinosphærium Eichhorni* (d'après Verworn). — Action des courants induits prolongés : destruction du protoplasme aux deux pôles.

Fig. 17 B. — *Actinosphærium Eichhorni* placé entre les deux pôles d'un courant constant (d'après Verworn). — Quelque temps après la fermeture du courant, la décomposition granuleuse du protoplasme commence à l'anode (+) : à la cathode (—), les pseudopodes sont redevenus normaux.

Pelomyxa, Polystomella) ou des Myxomycètes. Dès que le courant est fermé, les pseudopodes de l'Actinosphærium se rétractent, il se produit une excitation à l'anode (+) qui aboutit à une désintégration, une fusion, si l'action est prolongé. A l'ouverture du courant, le protoplasme est détruit à l'anode, les particules protoplasmiques gardant néanmoins une certaine cohésion. Un courant alternatif produit une désintégration aux deux pôles (+ et —), l'organisme prend une forme biconcave ; les autres parties de l'animal ne semblent pas atteintes

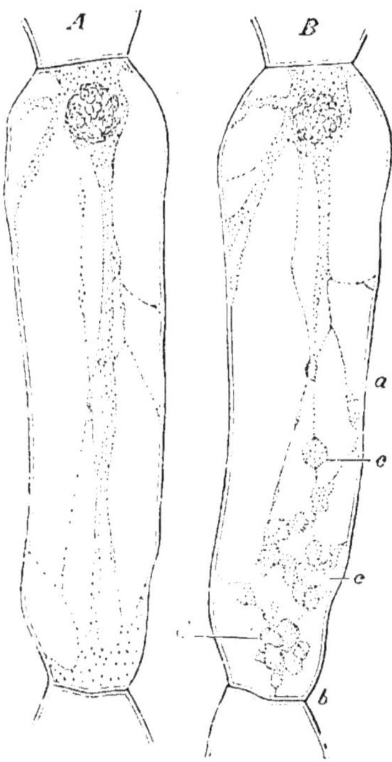

Fig. 18.

A et B. *Cellule d'un poil staminal de Tradescantia virginica* d'après Kühne. — A, courant protoplasmique normal ; B, le protoplasme ramassé en petites sphères après une irritation. — *a*, membrane cellulaire ; *b*, cloison transversale entre deux cellules ; *c*, *d*, protoplasme ramassé en petits amas sphériques.

et les pseudopodes restent étalés. Si on arrête le courant, l'Actinosphærium se régénère (fig. 17).

Les Amibes et les leucocytes, sous l'action du courant, rétractent leurs pseudopodes, deviennent sphériques, et sont désintégrés à l'anode si le courant est trop fort. Quelques-uns, peut-être, sont portés au pôle négatif, mais il est probable qu'ils sont charriés comme des particules inertes (Dineur).

Dans les cellules végétales (poils staminaux de Tradescantia), Kühne et Engelmann, à l'aide d'électrodes

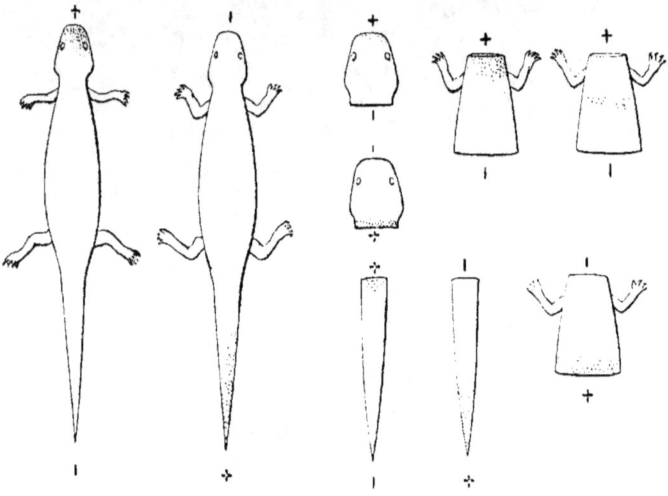

Fig. 19.

Orientation des sécrétions des glandes cutanées chez l'Amblystome sous l'influence du courant électrique (d'après Lœb). +, anode; —, cathode.

impolarisables et de chocs d'induction répétés, voient les courants protoplasmiques s'arrêter. Des amas irréguliers se forment dans le protoplasma, puis au bout d'un instant les mouvements recommencent. Des chocs d'induction plus forts et répétés amènent la coagulation partielle de ces amas protoplasmiques (fig. 18).

Ce serait donc une *rigidité électrique*, comparable aux rigidités lumineuses, caloriques, etc. Au contraire, Velten a observé que des courants induits très forts, agissant sur des cellules isolées ou des agrégats de cellules, déterminent dans le protoplasma des mouvements rotatoires des granulations ; et cette rotation électrique serait très voisine de la rotation vitale.

C'est là le cas le plus fréquent. Le courant électrique détermine avant tout une excitation : mouvements plus actifs des épithéliums ciliés (Kraft), contraction des fibres musculaires (Biedermann, Finck), sécrétions glandulaires, etc.

De nombreuses expériences faites sur la cellule ner-

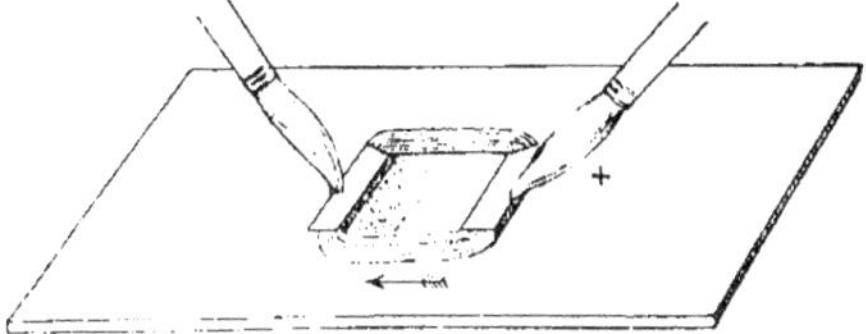

Fig. 20.

Dispositif employé pour étudier l'électrotactisme (d'après Verworn).

veuse montrent un déplacement du nucléole qui devient excentrique, se déplace vers le cylindraxe, et s'entoure d'une riche couche de karyoplasme (cellules nerveuses motrices de Torpedo, Magini).

Nous ne pouvons insister sur cette action de l'électricité sur les cellules nerveuses, les chromatophores, etc. Un fait cependant intéressant est cité par Loeb.

La peau de l'Amblystome contient de nombreuses glandes muqueuses, qui sur la peau noire forment des taches blanches. Si on soumet l'animal à un courant constant d'environ 3 milliampères, on remarque que la sécrétion des glandes se produit abondamment, au côté de l'anode $+$; si le courant est renversé, la sécrétion se produit vers le milieu de la queue $+$. Dans tous les cas étudiés par Loeb, les glandes apparaissent du côté de l'anode ou à l'extrémité anode de l'animal (fig. 19) ; ce qui semble être en contradiction avec la loi de Pflüger. Nous verrons plus loin l'explication qu'en donne Loeb.

A ces actions sur le métabolisme et la structure, se joignent, pour les cellules libres, une action sur la direction de la locomotion.

Il y a des organismes positivement électrotactiques ou négativement électrotactiques. On peut se servir.

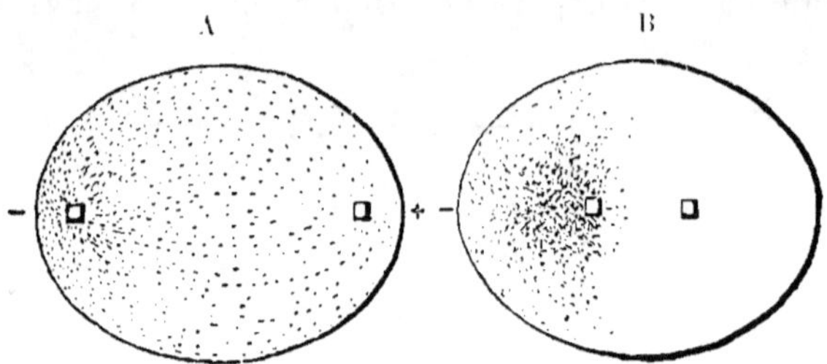

Fig. 21.

Lors de la fermeture du courant constant, toutes les Paramécies contenues dans une goutte d'eau (A) se dirigent, suivant les lignes du courant, vers le pôle négatif et s'amassent après un certain temps au delà du pôle négatif (B) (d'après Verworn).

pour étudier l'électrotactisme, du petit appareil ci-contre imaginé par Verworn 1) (fig. 20).

On peut poser comme lois que les organismes positivement électrotactiques sont ceux qui montrent une réaction à la cathode : les organismes négativement électrotactiques montrent leur pôle d'excitation à l'anode. Le courant électrique détermine une contraction et une orientation. Les Paramécies soumises au courant électrique quittent l'anode et s'accumulent à la cathode, puis finalement se répartissent uniformé-

---

(1) Sur une lamelle de verre se trouve une petite auge rectangulaire dont deux côtés sont d'argile, les deux autres en cire. Deux électrodes en pinceaux déterminent le courant.

ment. Les figures ci-contre établissent cette dispersion qui n'est pas sans présenter quelque analogie avec l'action de l'aimant sur la limaille de fer (fig. 21).

Les Amibes sont attirés par la cathode, et rampent vers ce point.

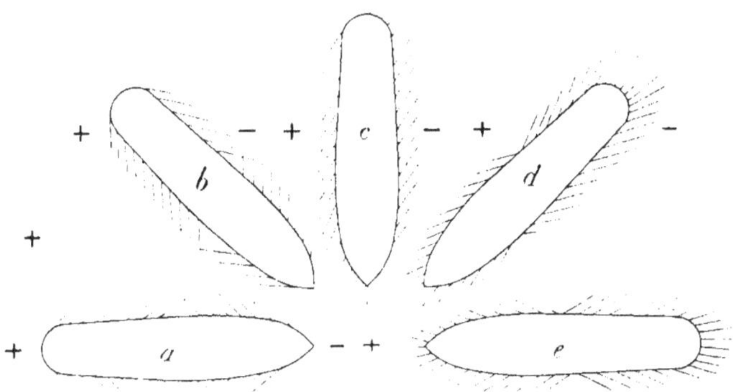

Fig. 22.

Diagramme des attitudes successives (*a*, *b*, *c*, *d*, *e*) prises par une Paramœcie, quand sa tête est tournée au début vers l'anode. Rotation vers la cathode (d'après Ludloff).

Ciliés et Flagellés ne sont pas sensibles de la même façon au courant électrique. Si on mélange des Ciliés et des Flagellés dans une goutte d'eau soumise au courant, les Flagellés se portent à l'anode, les Ciliés à la cathode. Le courant a du reste une influence intéressante sur les mouvements ciliaires. Si on fait passer un courant dans l'eau où sont des Paramœcies, les cils, qui sur l'animal non excité sont perpendiculaires à la surface, prennent des positions diverses. Ce qu'indique le dessin suivant emprunté à Ludloff (1895) (fig. 22).

Loeb et Sidney Budgets (1897) viennent de donner une théorie intéressante de l'action des courants électriques. Nous avons vu que l'apparition des glandes cutanées de l'Amblystome était une exception à la loi de Pflüger.

En effet, tandis que la substance de nombreux Protozoaires se détruit à l'anode, que dans les nerfs et les muscles, l'excitation, à la fin du courant, se produit à la cathode, l'excitation dans les glandes cutanées de l'Amblystome a lieu à l'anode.

Pour expliquer ce fait, les auteurs précédents cherchent à démontrer que les actions du courant sur le protoplasma ne sont qu'indirectes ; ce courant, dans beaucoup de cas, ne produit qu'une électrolyse, et ce que nous observons comme effets du courant, ce ne sont que des actions moléculaires ou chimiques consécutives de son action. L'action d'un courant constant est identique, du côté de l'anode, à l'action des alcalis. Il en résulte que l'action d'un courant aboutit à la formation, par électrolyse, d'alcalis, et ce sont ces alcalis qui déterminent chez les Protozoaires la fusion du protoplasme, chez l'Amblystome la sécrétion des glandes cutanées, du côté de l'anode. Et si, au lieu d'un courant, on produit une excitation par une solution concentrée de soude, on obtient les mêmes résultats qu'avec un courant.

Il serait donc vraisemblable, d'après Loeb, que les actions du courant électrique ne sont qu'indirectes et n'agissent que par les réactions chimiques déterminées par le courant.

Il convient de se réserver pour juger cette théorie, encore qu'elle paraisse très séduisante. Cependant n'y aurait-il pas lieu d'étudier si la théorie de Loeb et Budgett ne serait pas applicable à d'autres agents physiques ; si, en d'autres termes, les agents physiques agissent directement sur la cellule vivante, ou seulement par *réflexe*, les seules causes directes étant des actions chimiques déterminées par les agents physiques ?

CONCLUSIONS

En condensant les diverses données de ce chapitre, on peut voir que l'action d'un même agent physique ou chimique est essentiellement variable. Les différences d'action s'expliquent facilement par la différence de composition des cytoplasmes en expérience. On peut concevoir, ce que l'expérience vérifie, qu'une même substance, nocive pour *un* protoplasma à une certaine dose, n'exerce pas ou peu d'action sur *un autre* protoplasma, et au contraire peut agir à une autre dose. Les tactismes sont en corrélation avec ces différences d'action. Il y a un *coefficient de résistance* de tel protoplasma à telle substance chimique ou à tel agent physique.

Il importe également de noter que les agents physiques ou chimiques semblent surtout agir par *différences d'intensité*. Un milieu homogène n'agit pas. Un protoplasma est *accoutumé* à une certaine oxygénation, une certaine concentration d'eau, une certaine pression, une certaine quantité de lumière, de chaleur, etc. Il ne réagira, c'est-à-dire il n'aura de tendance à modifier sa structure, son métabolisme ou ses mouvements, que pour un changement d'intensité lumineuse, calorique, que pour une différence de concentration aqueuse, etc. La réaction ne sera due qu'à une variation d'intensité dans l'action des agents extérieurs.

Ces lois sont applicables aux actions *combinées* de divers agents physiques et chimiques. Il est évident que, dans la nature, ces actions combinées sont prépondérantes. L'œuf de Poule ne se développe qu'avec une certaine température, une certaine humidité, un certain degré d'oxygénation. Les stades flagellés de la malaria ne se forment que par suite d'un certain manque d'oxygène, d'un certain abaissement de température, d'actions chimiques où les phosphates du sang jouent peut-être un rôle, etc. Pour un certain degré d'intensité lumineuse, les zoospores, qui sont photophiles pour une élévation de température, sont photophobes pour un abaissement de température.

On pourrait multiplier ces exemples. Dans ces actions combinées, le coefficient de résistance du protoplasme devient la somme des coefficients de résistance de ce protoplasme à chacun des agents. Le noyau résiste d'ailleurs beaucoup mieux que le protoplasma aux divers agents physico-chimiques.

CHAPITRE III

Rapports réciproques du noyau et du cytoplasme.

Depuis longtemps on a cherché à préciser quelles étaient les relations existantes entre les diverses parties de la cellule, notamment entre le noyau et le cytoplasme.

Plusieurs méthodes ont été employées pour essayer de dissocier l'action du noyau et celle du cytoplasme. Tantôt on a cherché à isoler par des procédés chimiques (Plasmolyse) ou mécaniques (Mérotomie) des fragments de protoplasme privés ou non de substance nucléaire; tantôt on a cherché à anesthésier le cytoplasme, le noyau restant seul actif.

Nous allons passer en revue ces diverses expériences.

PLASMOLYSE ET CELLULES SANS NOYAU

Schmitz (1879-1880) avait dès longtemps constaté que de grands Thallophystes, comme les Valonia qui possèdent plusieurs noyaux, ne peuvent régénérer une partie manquante que si elles contiennent au moins un noyau; une masse protoplasmique séparée de la cellule ne continue à vivre et ne sécrète une membrane que dans ces conditions. Klebs (1887) a obtenu le même résultat d'une tout autre façon. Dans certains cas, le contenu protoplasmique de certaines grandes cellules de Zygnema ou d'Œdogonium peuvent se fragmenter par plasmolyse en plusieurs fragments. De ces masses une seule contient le noyau et peut se diviser, les autres peuvent végéter, sécréter de l'amidon. Mais elles ne peuvent ni s'accroître, ni se multiplier, ni sécréter de membrane de cellulose, sauf le cas où un pont de cytoplasme, même très étroit, réunit encore les masses protoplasmiques entre elles. Ces expériences de plasmolyse ont été faites à l'aide d'une solution de sucre de canne à 16 p. 100. Du reste, tandis que chez les Zygnema, les cellules sans noyau peuvent encore former l'amidon, et même en plus grande quantité que dans la cellule normale ce qui tient, d'après Klebs, au pyrénoïde), au contraire, chez le Funaria hygrometrica soumis à la plasmolyse, l'amidon ne peut plus se former dans les parties protoplasmiques sans noyau. De ces expériences, Klebs conclut à l'influence du noyau sur la formation de la membrane cellulaire, et à l'accroissement en longueur.

Les expériences de Gerassimoff (v. p. 95 conduisent au même résultat, et montrent l'invariabilité des cellules sans noyau.

ACTION DES AGENTS QUI ANNIHILENT LE CYTOPLASME

Un autre mode opératoire est celui employé par Demoor. Nous l'avons décrit page 14. Demoor, et avant lui du reste d'autres auteurs, ont constaté que certains agents comme CO_2, H, etc., pouvaient annihiler l'influence du protoplasme, le noyau continuant encore à vivre et pouvant se diviser, d'une façon normale ou pathologique. Nous avons vu que Demoor explique cette action par ce fait que le protoplasme peut être annihilé par le manque d'oxygène, et comme le noyau conserve sa vitalité alors même que l'oxygène fait défaut, il pourrait mener une vie anaérobie.

Quoi qu'il en soit, pour Demoor, la vie du noyau et celle du protoplasme semblent essentiellement différentes, et la cellule est le siège « de deux énergies souvent contradictoires, de deux activités spéciales qui se complètent ».

Les expériences de Loeb, Morgan, Norman (p. 98 sur l'arrêt de la division cellulaire chez des œufs où la division nucléaire continue, montrent bien également l'indépendance relative du noyau et du protoplasme, ou plutôt la différence de résistance de ces deux parties de la cellule à divers agents, comme l'élévation de température, ou la concentration du milieu en sels. Mais les expériences récentes de Loeb et Hardesty montrent que le noyau, sans être le moins du monde anaérobie, est seulement moins sensible aux actions physico-chimiques que le protoplasma.

MÉROTOMIE

Un troisième mode opératoire a été employé pour étudier les relations du noyau et du protoplasma. C'est ce que Balbiani appelle la *mérotomie* et qu'il définit : l'opération qui consiste à retrancher d'un organisme vivant une portion plus ou moins considérable, dans le but d'étudier les modifications anatomiques et physiologiques qui surviennent dans la partie séparée du corps.

Les expériences de mérotomie qui s'appliquent aux Protozoaires pourront nous servir à élucider et aussi à contrôler les actions réciproques du protoplasma et du noyau.

Après Eichhorn (1783), Graeff (1867), Haeckel (1870), Brandt (1877), qui le premier vit que les fragments d'amibes sans noyau ne vivent pas, voici les expériences de Gruber (1885-1886) : Gruber observe que si le Stentor cœruleus, l'Oxytricha fallax sont coupés en deux ou trois fragments, ces fragments régénèrent des individus complets, s'ils renferment des fragments du macronucleus, et les fragments sans noyau ne se régénèrent pas. Mais si l'on coupe un Stentor en voie de régénération, dans

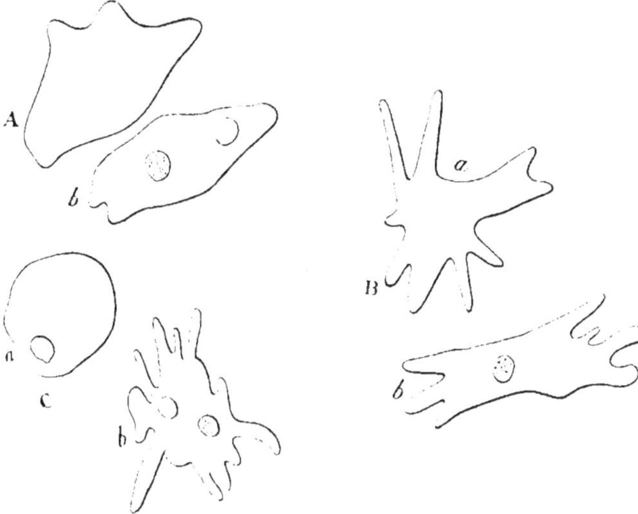

Fig. 23.

Mérotomie d'un amibe (d'après Bruno Hofer). — *a*, proteus : *d*, fragment sans noyau : *b*, fragment nucléé. — A, les deux fragments au moment de l'opération : B, les mêmes, cinq minutes après : C, les mêmes, au bout de deux jours.

lequel, par exemple, le péristome commence à se former, la partie qui renferme le péristome pourrait se compléter (d'après Gruber) même s'il n'y avait pas trace de noyau. Donc le noyau est nécessaire à la régénération, mais il n'est pas nécessaire à l'achèvement de l'organe, et seulement peut donner l'impulsion nécessaire à la régénération. Ce dernier fait est combattu par Balbiani, comme nous le verrons plus loin.

Après Gruber, Nussbaum (1886) voit que les fragments énucléés de Gastrostyla vorax peuvent se mouvoir, et non se régénérer.

Verworn a publié de nombreux travaux où la mérotomie est un procédé courant. Il constate (1888) que les fragments énucléés de *Polystomella crispa* peuvent émettre des pseudopodes, capturer des proies, mais sont incapables de régénérer la coquille. Pour lui (1889-1891) les fragments énucléés provenant de nombreux Protozoaires qu'il a mérotomisés (Amœba, Pelomyxa, Difflugia, Arcella, Actinosphœrium, Lieberkühnia, Polystomella, Spirostomum, Lacrymaria, Epistylis, Stylonychia, etc.) ne diffèrent pas des autres fragments ; même les plus petits exécutent les mêmes mouvements que ceux des segments nucléés ; il y a tout d'abord une période d'excitation traduite chez les Rhizopodes par une contraction en boule, chez les Ciliés par une accélération du mouvement des cils ; puis l'excitation disparaît et les mouvements se régularisent. Au bout d'une douzaine d'heures, les cils s'arrêtent, la cuticule éclate et laisse couler le plasma. Le noyau n'est donc pas un centre d'énergie. Il n'est pas viable par lui-même; lorsqu'on introduit un noyau de Radiolaire dans le corps protoplasmique d'un autre Radiolaire dont le noyau a été enlevé au préalable, le noyau ainsi greffé se détruit. Au contraire, si on extrait une capsule centrale de Thalassicola elle se régénère en un autre Radiolaire complet ; une capsule centrale peut de même se greffer dans le corps protoplasmique d'un autre individu privé de capsule; on obtient alors un Radiolaire normal.

Des fragments énucléés de Bursaria soumis à un courant d'hydrogène pur dans la chambre à gaz d'Engelmann, dégénèrent en huit à dix minutes. Donc, le protoplasme a besoin d'oxygène pour vivre, qu'il possède ou non un noyau. Quant au noyau de Bursaria, si on l'isole, il se détruit. Le noyau seul ne peut donc vivre. Des fragments pseudopodiques d'Orbitolites ou d'Amphistegina, isolés du corps, après une période d'excitation, peuvent émettre de nouveau des pseudopodes.

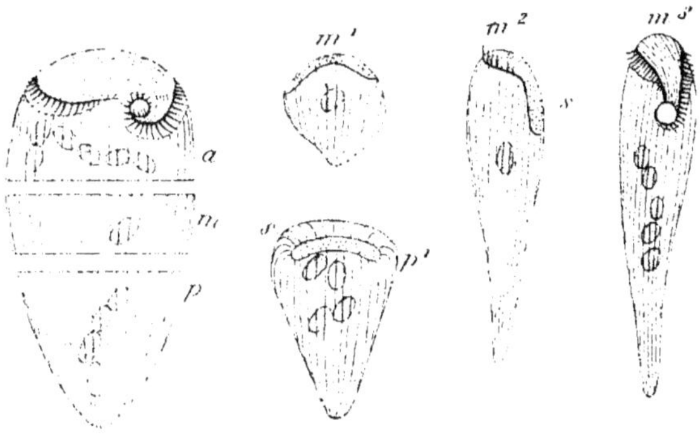

Fig. 24.

Stentor coupé transversalement en trois mérozoïtes nucléés a, m, p, qui sont régénérés chacun en un individu complet, d'après Balbiani. — m¹, m², m³, stades de la régénération du segment moyen; p¹, premier stade de la régénération du segment postérieur; en s, plaie incomplétement refermée.

En résumé, pour Verworn, les fragments de protoplasme sans noyau peuvent présenter encore des mouvements caractéristiques, pendant les premiers temps qui suivent l'opération, mais le noyau leur est nécessaire pour la vitalité. La source du mouvement est donc le protoplasme lui-même, mais les échanges entre lui et le noyau sont nécessaires à l'entretien de la motilité. Si l'on enlève le noyau, on supprime ces échanges, et la persistance de ces mouvements est une *action consécutive (Nachwirkung)* des actions du noyau. Il y a un équilibre d'échanges entre le noyau et le protoplasme, mais le noyau n'est pas un centre de régulation ni un centre psychique de mouvements. Hofer (1890), en prati

quant la mérotomie sur *Amœba proteus* (fig. 23), observe
que les fragments énucléés ne peuvent sécréter de
nouvelles quantités de sucs digestifs et considère le
noyau comme un centre régulateur des mouvements du
plasma, opinion contraire à celle de Verworn. Le

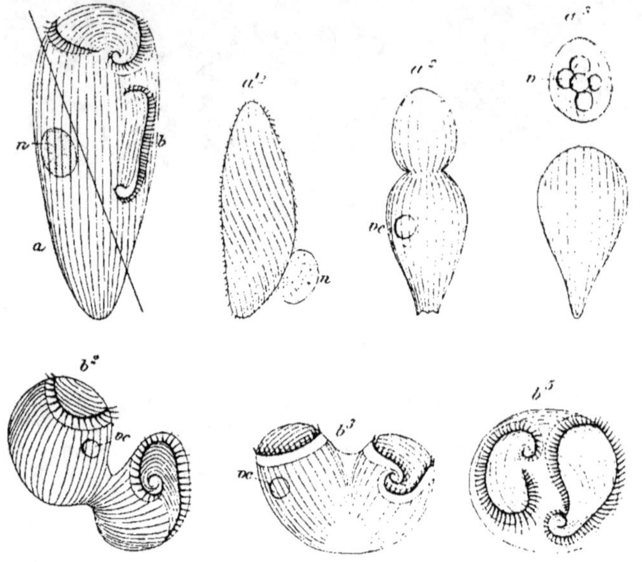

Fig. 24 *bis*.

*Stentor se préparant à la division, sectionné obliquement en deux
mérozoïtes* (d'après Balbiani). — *b*, double péristome ; *n*, noyau qui
s'écoule par la plaie dans le mérozoïte a^1_2. Le mérozoïte tend à se
diviser en deux, mais ne peut arriver à devenir individu complet. —
Le deuxième mérozoïte *b*, la division continue jusqu'au stade b^2, mais
les deux segments restent réunis et soudés (b^3, b^4) avec les péristomes
dirigés en sens inverse.

noyau aurait une influence directe sur la nutrition, la
sécrétion, les mouvements, mais non sur la respiration
et les fonctions de la vésicule contractile.

Nous arrivons enfin aux belles recherches de Balbiani (1892-1893). Ces recherches faites sur de très
nombreux Infusoires ciliés (fig. 24).

Chez le Prorodon niveus, les mérozoïtes (l'auteur appelle ainsi les fragments d'un individu) énucléés peuvent seuls se régénérer, ce qui se fait en vingt-quatre ou quarante-huit heures. Le noyau joue un rôle dans les phénomènes trophiques du plasma; la régénération de la cuticule est sous sa dépendance. Les mérozoïtes sans noyau se désorganisent graduellement, le mouvement ciliaire devient plus lent, les pulsations de la vésicule contractile sont moins rapides, et ces mérozoïtes peuvent encore vivre deux, trois, huit jours.

Chez le Stentor cœruleus, la régénération se fait très bien dans les fragments nucléés et jamais dans les fragments énucléés; un seul fragment de chromatine suffit. Au contraire les mérozoïtes sans noyau ne donnent jamais d'individus complets. La présence du noyau est indispensable à tous les stades de la formation des organes, au contraire de ce que dit Gruber. Mais le noyau est sans influence sur l'ingestion et sur l'égestion. Quant aux phénomènes qui se passent dès le début de l'opération, la contractilité des mérozoïtes, la coagulation superficielle du plasma, l'agitation rapide du mouvement des cils, dont la direction motrice est souvent renversée, tous phénomènes qui s'observent aussi bien dans les mérozoïtes sans noyau que dans les mérozoïtes nucléés, l'auteur les attribue à une excitation due au traumatisme.

Les mêmes phénomènes s'observent chez le Cytostomum leucas, Trachelius ovum, etc.

En résumé, d'après Balbiani, les fonctions qui dépendent du protoplasme chez les Ciliés sont le mouvement ciliaire, l'ingestion (1) et la digestion, les pulsations de

------

(1) Le Dantec (1891), chez Gromia fluviatilis, au contraire de Balbiani et de Verworn, aurait constaté que les fragments énucléés peuvent encore englober des corps étrangers et *commencer* à dissoudre des particules alimentaires,

la vésicule contractile, l'orientation du corps pendant la
progression ; les fonctions du noyau sont les diverses
sécrétions cellulaires (cuticule, liquide acide des vacuoles alimentaires), les régénérations (1) et les stades
ultimes de la division. Il n'y a aucun antagonisme,
mais une action harmonique entre les fonctions du protoplasme et du noyau.

PARASITES KARYOPHAGES. NUCLÉOPHAGIE

Balbiani dès 1892 avait déjà signalé que, dans les
épidémies de conjugaison des Ciliés, certains individus
voient leur noyau envahi par des Bactéries parasites qui
détruisent complètement sa substance et la réduisent à
sa membrane d'enveloppe. Metschnikoff avait signalé
de nombreux exemples de ces bactéries nucléophages.
Les individus qui sont ainsi réduits presque à leur
seul protoplasma sont plus petits, plus grêles que les
autres, mais vivent parfaitement. Hafkine (1890) et
Balbiani (1893) ont vu des spores d'Holospora envahir
le noyau des Paramœcies et des Stentors, et constatent
la presque disparition de la matière nucléaire. Heidenhain, et après lui Steinhaus, ont décrit dans les
noyaux des cellules épithéliales intestinales de la Salamandre une Gymnosporidie, Caryophagus salamandræ,
qui peut parfois réduire ces noyaux à une simple membrane nucléaire. J'ai de même décrit (1894, 1896) le fait
que les Hémosporidies parasites des globules sanguins
de Rana esculenta peuvent devenir parasites nucléaires
dans les grandes cellules de la rate et de la moelle
des os ; que les sporozoïtes de Pfeifferia peuvent

______

(1) Chez les Paramœcies (Paramœcium aurelia) Balbiani a observé que
la régénération était difficile et lente et ne se produit que dans une eau
riche en matières alimentaires. Chez le Loxodes rostrum, espèce plurinucléée,
de même que chez les Opalines (Nussbaum) la régénération est très lente.

devenir accidentellement karyophages; que Cytopha-
gus tritonis peut aussi être karyophage. Il ne semble
pas que ce qui reste du noyau, et à plus forte raison
le corps cellulaire, paraisse souffrir de ce parasitisme.
(V. Labbé, 1896.)

Plus récemment Dangeard (1895) a décrit sous le
nom de *Nucleophaga* un parasite du noyau des Amibes,

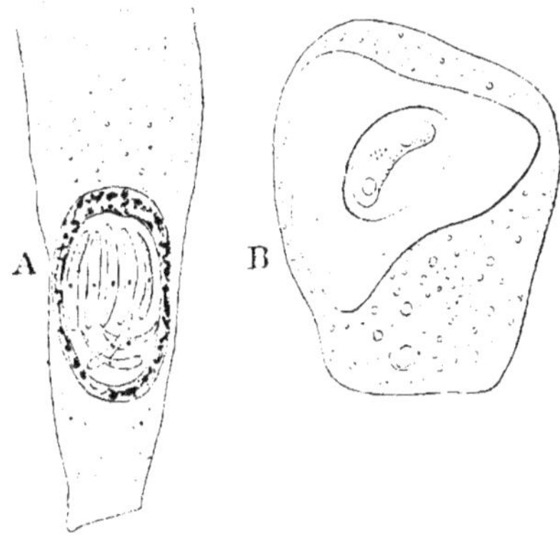

Fig. 25.

Parasites karyophages (d'après Labbé). — A. Sporozoïtes d'un Caryophagus dans un noyau de cellule intestinale de Rana esculenta;
B. Hémogrégarine dans un noyau de cellule splénique de Rana.

sans doute une Chytridinée, qui absorberait complètement le noyau de l'Amibe. D'après Dangeard, il ne res-
terait plus aucune trace de chromatine ni de noyau, et
cependant ces amibes vivent, se meuvent, assimilent,
comme les amibes non parasites.

Partant de là, l'auteur propose de nommer *nucléo-
phagie* un procédé qui consisterait à *énucléer* des organismes par les Nucléophages, et qui présenterait sur
la mérotomie l'avantage d'éviter une lésion mécanique
toujours préjudiciable à l'organisme opéré.

Malheureusement dans tous les cas où l'on a observé
la destruction d'un noyau par un parasite karyophage,

il est difficile de mettre en évidence, d'une façon sûre, l'*entière* disparition du noyau. La meilleure preuve en est que les Amibes « nucléophagés » de Dangeard se comportent comme des amibes ordinaires, ce qui est en complète contradiction avec toutes les autres expériences.

Il ne semble donc pas que ce procédé, quelque original qu'il soit, puisse donner des résultats précis.

LIMITES DE DIVISIBILITÉ DE LA MATIÈRE VIVANTE

Les expériences de mérotomie n'ont pas seulement été faites sur les Protozoaires. De nombreuses expériences d'ovotomie ont montré que des fragments d'œufs peuvent reproduire un embryon normal, quoique très petit, s'ils contiennent un peu de substance nucléaire. Loeb, à l'aide d'*extraovats* (1), et Morgan par simple secouage sont arrivés à faire développer en Plutei normaux des fragments d'œufs d'oursin ne dépassant pas $\frac{1}{8}$ de la masse totale, et en gastrulas des fragments ne dépassant pas $\frac{1}{40}$, ou $\frac{1}{50}$ de la masse totale. Pour Boveri même, ces fragments ne contiennent pas trace de pronucleus femelle, n'évoluent que par suite de fécondation par un spermatozoïde, et ne contiennent donc qu'un pronucleus mâle. Quoi qu'il en soit, un fragment de noyau est absolument nécessaire pour que le protoplasme vive. Mais il y a aussi certainement une limite de divisibilité. Lillie (1896) a constaté que des fragments de Stentor, contenant un fragment de noyau, ne se régénèrent pas si, contractés, ils sont moindres de 80 μ du diamètre moyen. Un Stentor normal ayant une longueur moyenne de 230 μ, cela fait donc environ $\frac{1}{27}$ du volume primitif.

---

(1) Si on fait éclater dans de l'eau de mer étendue les membranes d'un œuf non segmenté, on obtient une partie protoplasmique qui est sortie de la membrane vitelline, et qu'on appelle un *extraovat*.

Plus les fragments d'œufs, plus les mérozoïtes d'Infusoires sont considérables, plus vite ils se développent.

Il n'y a donc pas seulement nécessité de nucléoplasme, mais nécessité d'une certaine masse.

DUALITÉ NUCLÉAIRE DES CILIÉS

On sait que les Ciliés possèdent deux noyaux, un *macronucleus*, qui est le noyau métabolique, un *micronucleus*, qui est le noyau génital.

Nous ne pouvons entrer dans toutes les interprétations qui ont été faites de cette dualité nucléaire (1). Je cite seulement l'opinion de M. Heidenhain, dérivée du reste de celle de Bütschli, pour lequel le micronucleus représente le centrosome des cellules des Métazoaires ; le fuseau du micronucleus représente le fuseau central de Hermann, et le macronucleus représente par conséquent le noyau lui-même des Métazoaires.

Ces idées, contredites par Drüner et von Rath, sont du reste infirmées par la découverte des centrosomes chez plusieurs Ciliés (Rompel chez Kentrochona nebaliæ).

Les expériences ne semblent pas apporter des éclaircissements à cette question. Balbiani conclut de ses expériences de mérotomie que le micronucleus n'exerce pas lui-même d'influence régénératrice sur le plasma, qu'il est sans influence sur la résorption des articles du macronucleus, et qu'après fécondation il redevient noyau actif et peut alors agir sur la résorption du vieux noyau.

Du reste le micronucleus et le macronucleus proviennent de la division du noyau de conjugaison (Maupas).

---

(1) V. LABBÉ. Les théories actuelles sur l'homologation du noyau des Protozoaires et du noyau des cellules des Métazoaires. *Arch. de zool. exper.*, 1894.

Le Dantec (1897) a cherché à séparer des fragments à micronucleus par mérotomie. Il croit pouvoir affirmer que, dans certains cas, le micronucleus se régénère de toutes pièces dans le mérozoïte qui ne contient pas trace de l'ancien, mais qui renferme un morceau du macronucleus. Malheureusement, ces expériences, faites en quelque sorte à tâtons, ne peuvent être concluantes.

L'opinion qui semble dominer est celle que le micronucleus est exclusivement sexuel, *gamodyname Geschlechtskern* de Bütschli, le macronucleus étant purement *biodyname* et ne présidant qu'aux fonctions de nutrition et de relation (1). Tous les deux seraient donc des noyaux ordinaires dérivés du noyau de conjugaison et ayant spécialisé leurs fonctions.

CONCLUSIONS

Nous pouvons condenser ce chapitre en disant que noyau et cytoplasme forment une association harmonique qui, seule, peut remplir *toutes* les fonctions vitales, bien que chacun des associés ait semblé prendre une part du travail de l'association. Si, parfois, il semble y avoir dissociation des fonctions du noyau et du cytoplasme, c'est que le noyau est moins sensible que le cytoplasme aux actions extérieures, peut-être parce qu'il est situé plus loin. C'est cependant le noyau qui se différencie tout d'abord et qui *polarise* le cytoplasme dans sa zone énergétique, produisant ainsi la différenciation cellulaire. (V. chap. VI.)

---

(1) LABBÉ. *Revue scientifique*, 1896.

CHAPITRE IV

Modifications expérimentales de la reproduction cellulaire.

I. — MODIFICATIONS EXPÉRIMENTALES DE LA MITOSE

Action des agents chimiques. — La présence de l'oxygène semble indispensable à la reproduction comme à la vie de la cellule. L'oxygène accélère fortement le cours de la mitose (Demoor).

L'hydrogène, l'anhydride carbonique immobilisent le protoplasma, mais non le noyau, de telle sorte que la mitose continue normalement, mais que la membrane cellulaire ne se forme pas (cellules des poils staminaux de Tradescantia, Demoor). L'action de ces gaz s'expliquerait en ce qu'ils annihileraient la respiration intra-moléculaire. Demoor déduit de ses expériences que le noyau est peut-être anaérobie, puisqu'il continue à se diviser dans un milieu privé d'oxygène; mais cette idée est absolument contredite par Loeb et Irving Hardesty, qui ne voient là qu'une sensibilité moindre du noyau à l'oxygène.

Le chloroforme et les anesthésiques ont une action très voisine. Le noyau peut encore se diviser, mais la membrane cellulaire ne se forme pas.

La strychnine paraît être un stimulant de la mitose; les œufs d'Asterias, non fécondés, et traités par cette substance, se divisent si on les replonge dans l'eau.

Le sulfate de quinine à 1 p. 100 et l'hydrate de chloral à 1 p. 100 agissant sur des œufs d'Oursin fécondés,

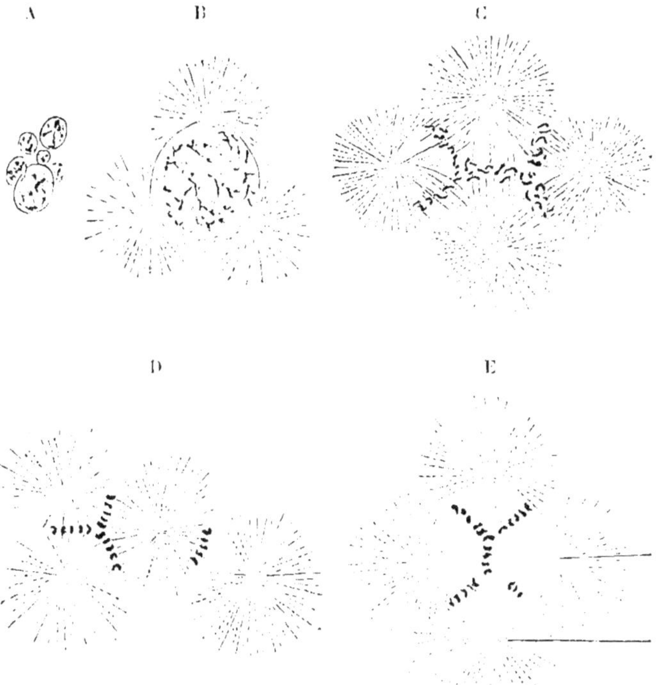

Fig. 26.

A. B. C. noyaux d'œufs de Strongylocentrotus qui, une heure et demie après fécondation, ont été déposés vingt minutes dans une solution de sulfate de quinine à 0.025 p. 100. Phases successives : D. E. figures nucléaires pluripolaires d'œufs de Strongylocentrotus qui, une heure et demie après fécondation, ont été déposés dix minutes dans une solution de sulfate de quinine à 0.05 p. 100, et tués deux heures après avoir été enlevés de cette solution (d'après O. Hertwig).

produisent des perturbations dans la mitose. Une action un peu prolongée vingt à vingt-cinq minutes de ces substances fait disparaitre les radiations du fuseau.

ainsi que les filaments, et il se reforme un noyau vésiculeux; puis quatre radiations reparaissent de nouveau, il se forme quatre fuseaux à la fois, la membrane nucléaire disparaît, et il se forme quatre noyaux vésiculeux. Entre ces quatre noyaux se creusent des sillons protoplasmiques, qui ne s'approfondissent pas, et tandis que les noyaux continuent à se diviser, il se produit un fractionnement en bourgeons ou mamelons. Parfois le nombre des chromosomes est incomplet. Galeotti a obtenu également des mitoses anormales dans les cellules épithéliales de la Salamandre après traitement par l'antipyrine, la quinine, la cocaïne, etc.

Action de l'électricité. — Roux avait déjà constaté (1889) que des œufs fécondés de Grenouille, placés entre les pôles d'un électro-aimant ou soumis au courant direct, ne se divisaient pas. Pierallini (1896) vient de montrer récemment qu'un courant électrique n'a pas d'influence directe sur la karyokinèse, mais cependant, indirectement, tend à l'empêcher, en occasionnant une métamorphose régressive, qui peut se surajouter à la nécrobiose des tissus sur lesquels le courant agit. Un courant faradique convenablement appliqué stimule la division directe des cellules épithéliales épidermiques; les courants induits alternatifs empêchent vraisemblablement l'orientation du protoplasma indispensable aux phénomènes mitosiques, d'où production d'une division directe. Au contraire, un courant interrompu agissant dans une seule direction à brefs intervalles occasionne des figures karyokinétiques spéciales par contraction continue du protoplasme. Rossi (1896), en faisant agir un courant sur des œufs de Salamandrina, a de même observé des fragmentations irrégulières des noyaux.

Action des basses températures. — Le froid, comme la plupart des divers agents que nous avons étudiés, paraît être un coagulant du protoplasma, et semble avoir une action moins énergique sur le noyau que sur le cytoplasme. Demoor donne, pour les poils staminaux de Tradescantia, la température de — 3° C. à

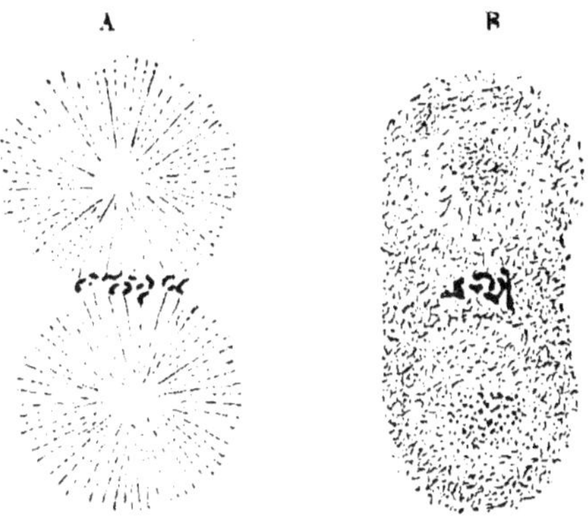

Fig. 27.

A, figure nucléaire d'un œuf de Strongylocentrotus une heure vingt minutes après fécondation ; B, figure nucléaire d'un œuf de Strongylocentrotus qui, une heure et demie après fécondation, a été placé pendant deux heures quinze minutes dans un mélange réfrigérant à 9° au-dessous de o, puis a été tué (d'après O. Hertwig).

— 4° C. comme limite de coagulation du protoplasma. Cette limite est reculée par de Wildeman à — 8° C. et — 9° C., qui a vu à cette température la mitose continuer encore, quoique très lentement, mais ne pouvoir s'achever.

Des œufs d'Oursin, fécondés, soumis par O. Hertwig à une température de — 1° C. à — 4° C. pendant quinze à vingt minutes, voient leur mitose modifiée ; la partie achromatique de la division s'atrophie, la partie chromatique subit des changements peu importants. Les figures ci-dessus montrent la comparaison

entre une figure mitosique normale et une figure mitosique après réfrigération. Si ensuite on replace l'œuf
dans les conditions ordinaires, les figures radiées reparaissent. Donc le froid suspend la division sans y
mettre obstacle. En revanche, l'action prolongée des
basses températures (deux ou trois heures) modifie la
mitose entière; les chromosomes peuvent reformer par
leur fusion un petit noyau chromatique irrégulier.
Toutes les figures sont pathologiques (fig. 27). Plus
récemment Sala (1895) arrête le développement des
œufs d'Ascaris à — 6°. A une température moins basse,
il se produirait des polyspermies donnant jusqu'à douze
fuseaux. Ces fuseaux sont différents, les chromosomes
sont en nombre inconstant et ordonnés irrégulièrement.

Action d'une élévation de température. — Si l'action
du froid sur la division cellulaire indirecte est surtout
celle d'un coagulant du protoplasma, par contre, une
élévation de température joue le rôle d'un excitant.
C'est ce que vient de montrer Pierallini pour les cellules
épidermiques de la Salamandre. Cette excitation se
traduit par un accroissement du nombre des mitoses,
qui présentent en outre ce que Pierallini appelle des
anomalies à caractères *progressifs*. Ces anomalies sont
ce que Hansemann appelle, comme nous le verrons plus
loin, des mitoses *asymétriques*, ou des mitoses *multipolaires*, et se produisent suivant que les noyaux cellulaires contiennent plus ou moins de chromatine (*cellules
hyperchromatiques* ou *hypochromatiques*).

Mais bientôt se produisent des anomalies à caractères
régressifs. Celles-ci se décèlent dans les cellules néofor-
mées qui souffrent plus de la surexcitation causée par
la chaleur, que les cellules anciennes; dans ces cellules

se produisent des dégénérescences vacuolaire et pigmentaire, et par suite des mitoses *dégénératives*.

Ici, les anses chromatiques subissent une désorientation complète, le fuseau est déjeté ou contourné, les éléments achromatiques ne sont plus orientés; les chromosomes sont altérés dans leurs formes, dans leur colorabilité; enfin ils peuvent même se fusionner.

En résumé, la chaleur a la même action que l'électricité; une légère élévation de température, comme un courant faible, active et surexcite la division cellulaire; une forte élévation de température, un courant fort, occasionnent des mitoses régressives, non pas en agissant directement sur le noyau, mais indirectement en occasionnant une dégénérescence régressive du cytoplasme.

Mitoses anormales. — L'action de la température paraît être identique à celle des sels de quinine, du chloral, etc., et peuvent nous donner la clef de ce qui se passe dans les tumeurs et formations pathologiques où les mitoses sont absolument anormales. Henneguy, Kostanecki et d'autres ont constaté de même souvent des figures tri ou pluripolaires qui rentrent dans les mitoses pathologiques. Hansemann a distingué des mitoses *asymétriques* et des mitoses *multipolaires*. Dans les premières, les chromosomes sont arrangés d'une façon inégale de chaque côté; nous donnons ici deux figures fig. 28, A, C : l'une figure un globule sanguin de Lacerta vivipara anémié, l'autre une cellule épidermique de Salamandre, après traitement par une solution à 0,05 p. 100 d'antipyrine. Dans les cellules, la distribution inégale de la chromatine par mitose tient peut-être à une surabondance ou à une certaine pauvreté en chromatine cellules hypochromatiques et hyperchromatiques de Hansemann), d'où le développement d'un amphiaster asymétrique.

L'irrégularité de ces mitoses peut être très grande :

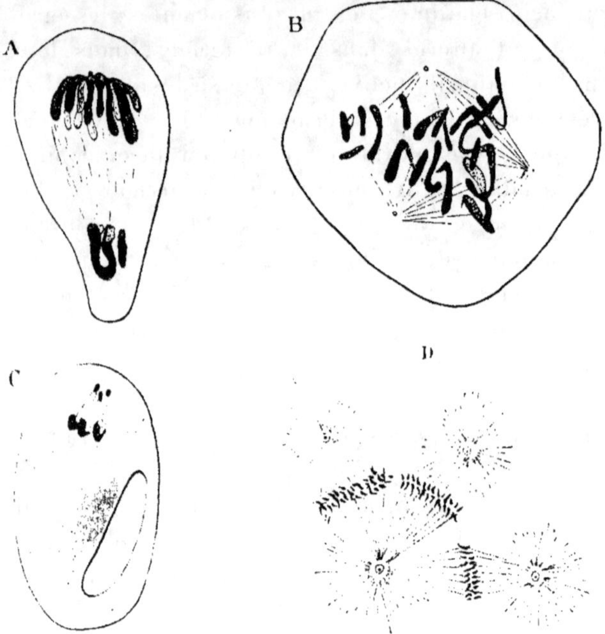

Fig. 28.

A, Mitose asymétrique dans une cellule épidermique de Salamandre après traitement par une solution d'antipyrine à 0,05 p. 100 ; B, mitose tripolaire dans une cellule épidermique de Salamandre après traitement par une solution d'iodure de potassium à 0,05 p. 100 (d'après Galeotti) ; C, hématie de Lézard, anémié, montrant une mitose asymétrique, au centre une vacuole (pseudo-parasite) et une partie plus foncée colorée en lie de vin par l'Hématoxyline aurantia, le reste du globule étant coloré en orange (Labbé) ; D, mitose tripolaire du parablaste de la Truite (d'après Henneguy).

en cautérisant la cornée de la Grenouille avec une solution concentrée de chlorure de zinc, Schöttländer obtint une inflammation qui occasionne des divisions nucléaires pathologiques dans l'endothélium de la membrane de Descemet : certains des fuseaux ont douze segments nucléaires, d'autres six, d'autres trois seulement. Galeotti a constaté que les mitoses asymétriques que l'on trouve dans les carcinomes ou inflammations spéciales sont absolument comparables à celles qui se produisent dans les cellules épithéliales de la Salamandre après traitement par l'antipyrine, la quinine, la cocaïne, le sulfate de zinc, la peptone, etc. Nous figurons de même deux mitoses tripolaires, l'une (fig. 28, B, D) représente une mitose tripolaire normale de blastoderme de Truite, l'autre une mitose tripolaire de cellule épidermique de Salamandre, après traitement par une solution d'iodure de potassium à 0,5 p. 100.

Les mitoses pathologiques, en résumé, paraissent être occasionnées par les substances toxiques ou simplement chimiques des tissus.

II. — MODIFICATIONS EXPÉRIMENTALES DE LA SEGMENTATION

Action de divers agents sur les divisions de l'œuf et la segmentation. — Les modifications que l'on peut obtenir dans la segmentation de l'œuf sont intéressantes à constater, non seulement au point de vue de l'embryon futur, mais en ce que les mêmes groupements, les mêmes dispositions de cellules se montrent aussi bien dans les blastomères issus de l'œuf que dans la formation des organes aux dépens d'une cellule organique.

Aussi nous pourrons dire que les résultats obtenus pour l'œuf et ses blastomères sont applicables à la cellule organique et aux cellules qu'elle forme.

Il n'y a qu'une différence, c'est qu'on peut facilement opérer sur l'œuf ou l'embryon, tandis qu'il est fort difficile d'expérimenter sur la formation d'un organe localisé.

L'action de *l'oxygène* sur la segmentation est fort intéressante. Pflüger avait déjà observé que l'oxygène ne semblait pas être indispensable à la segmentation. Loeb (1895) et Samassa (1896) ont confirmé ce fait. Le premier a montré que les œufs des Téléostéens, en particulier de Fundulus, pouvaient rester douze heures privés d'oxygène. Le second a fait des expériences précises : il porte des œufs fécondés de Rana temporaria, une heure après la fécondation, partie dans une masse d'eau sur la cuve à mercure, et partie sous une cloche de verre dans laquelle l'oxygène est absorbé par du pyrogallate de potasse. Les premiers stades sont semblables dans les œufs témoins et dans les œufs privés d'oxygène ; au bout de quatre jours, les œufs qui sont au stade blastula se développent beaucoup plus lentement dans l'eau ordinaire que dans l'eau privée d'oxygène, et montrent des anomalies, en particulier des spina bifida. Mais pendant les vingt premières heures, l'action de l'oxygène est nulle sur la segmentation de l'œuf. Du reste, Samassa a constaté que l'oxygène pur n'a pas d'action sur les premiers stades de la segmentation, au moins pendant les quatre premiers jours.

L'action de *l'acide carbonique* n'est pas moins intéressante. Hallez (1895) a vu que les œufs fécondés d'Ascaris pouvaient rester quatre semaines dans CO_2 sans en être incommodés ; mais nous avons déjà vu d'autre part que si CO_2 n'empêchait pas la mitose, il empêchait la formation des cloisons cellulaires (Demoor). Or, Samassa a observé que les œufs fécondés de Rana, portés dans CO_2, ou bien ne se divisaient pas, ou bien se divisaient irrégulièrement, formant un grand et un petit blastomère. Les œufs meurent, du reste, après vingt heures de séjour dans CO_2. Il faut, il est vrai, ajouter, ce qui expliquerait les expériences de Hallez, que Samassa attribue l'influence nocive de l'acide carbonique, non au gaz lui-même, mais à un produit hypothétique $H_2 CO_3$, qui se formerait au contact de l'eau (1).

Quoi qu'il en soit, l'acide carbonique pourrait avoir une action modifiante considérable sur la segmentation.

On connaît l'action des *solutions salines* sur le développement larvaire. Loeb, Morgan, O. Hertwig, Kofoïd, ont fait de nombreuses expériences à ce sujet. Pouchet et Chabry avaient obtenu des résultats intéressants en modifiant le contenu de l'eau de mer, et en privant les larves d'Oursin des sels de chaux indispensables à la formation des baguettes calcaires du Pluteus. Les fameuses larves au lithium de Herbst sont aussi bien connues.

O. Hertwig a pu voir l'action des solutions de sel marin graduellement concentré sur la segmentation. Le sel marin semble produire une diminution considérable de la vitalité dans les œufs de Grenouille. Une solution de sel marin à 1 p. 100 arrête la segmentation ; une solution à 0,9 p. 100 arrête la segmentation au deuxième jour ; à 0,8 p. 100 au troisième jour (stade blastula) ; à 0,7 p. 100 au quatrième jour (stade gastrula). Les différentes parties de l'œuf semblent du reste d'une sensibilité inégale à l'action du sel ; c'est l'hémisphère inférieur avec ses grosses sphé-

---

(1) Si on place la cloche de verre où se trouvent les œufs en expérience, au lieu de mercure, sur la cuve à eau, on voit l'eau monter dans la cloche, ce qui montre que CO_2 est absorbé par l'eau.

res vitellines qui est le premier atteint, de telle sorte qu'il est souvent à peine segmenté lorsque, au pôle opposé, se sont déjà formées de nombreuses petites cellules simulant une calotte blastodermique de Sélacien. Ce résultat qui s'obtient dans les œufs de Rana fusca à l'aide d'une solution de sel à 0,8 p. 100 ne saurait être assez mis en relief ; il donnerait peut-être l'explication de l'œuf méroblastique, encore que, dans ce cas, il faille tenir compte de l'accumulation du vitellus. Nous reviendrons plus loin sur cette donnée intéressante.

Les sels de lithium agissent aussi sur la segmentation ; ils semblent agir sur la résorption des granulations vitellines des gros blastomères végétatifs (Gurwitsch, 1895).

La présence des acides, surtout de l'acide phosphorique, paraît être un stimulant de la division cellulaire chez les Algues (Migula).

La *lumière* ne semble pas avoir d'influence sur la segmentation (Driesch) chez Planorbis, Rana, Echinus.

La *température*, en revanche, est un facteur important de différenciation. Mais les expériences sont absolument contradictoires. Pour Driesch (1893), non seulement l'élévation de température occasionne des perturbations dans le mode de segmentation ; à certaine température, le stade 2 n'est pas net ; il n'y a pas de limites cellulaires, non plus qu'au stade 4, mais les cellules possèdent deux noyaux, et jusqu'au stade 16, la segmentation nucléaire se poursuit, sans qu'il se forme de cloisons, si bien que certains blastomères ont 6 noyaux. Mais la chaleur accélère aussi le développement.

Le tableau suivant indique l'accélération occasionnée par l'élévation de température.

TABLEAU VI (d'après DRIESCH)

Œufs de Sphærechinus une heure trois quarts après fécondation.

TEMPS	DANS UNE CHAMBRE à 19° C.	CHAUFFÉS A 31° C.
26 X. 3 h.	La division nucléaire commence	Tous les œufs sont au stade 2.
— 3 h. 20.	Stade 2	Fuseaux nucléaires, au stade 4.
— 4 h. 25.	— 4	Stade 8.
— 4 h. 55.	Quelques œufs au stade 4, d'autres au stade 8 . .	— 16.
27 X. 9 h. 14.	Blastula	Gastrulation commence
— 2 h.	Gastrulation commence. .	Gastrula.
28 X. 9 h.	Embryon de forme prismatique à intestin non encore invaginé	Pluteus typiques à longs bras.

O. Hertwig (1894) observe que les œufs fécondés de
Rana fusca, lorsqu'on les chauffe à 25° ou 30°, se segmentent, tandis qu'à 0° ils ne se segmentent pas.

L'action du froid, d'après O. Hertwig (1894), est identique. Les œufs abandonnés pendant vingt-quatre heures
à la température de 0°, puis remis graduellement à la
température de la chambre, ne se segmentent pas.
Schultze (1894) constate le même fait : il constate également que les œufs de Rana fusca supportent la
température de 0° pendant quatorze jours.

De ces expériences on peut seulement conclure que
la température a une action aussi forte sur la segmentation que sur la division cellulaire, sans pouvoir affirmer une règle unique dans cette action.

L'influence de *l'électro-aimant*, d'après Roux (1889), sur des œufs fécondés placés entre les pôles, est assez forte pour empêcher toute division.

Rossi (1896) a étudié récemment l'action d'un *courant électrique* sur la segmentation de l'œuf. Il se sert pour cela de tubes de verre larges de 23 à 40 millimètres placés sur un support en liège. Deux lames de platine sont placées (v. fig. 29) à peu de distance l'une de l'autre et sont en contact avec les pôles du courant. C'est ce qu'indique la figure ci-contre, empruntée à Rossi.

Les œufs en expérience sont disposés dans l'eau entre les deux lames métalliques, et subissent ainsi l'action du courant. Un courant électrique constant d'une certaine durée et d'une certaine intensité produit des modifications dans la structure et la segmentation. Les expériences de Rossi, faites sur les œufs de Salamandra perspicillata, ont montré certaines modifications dans la

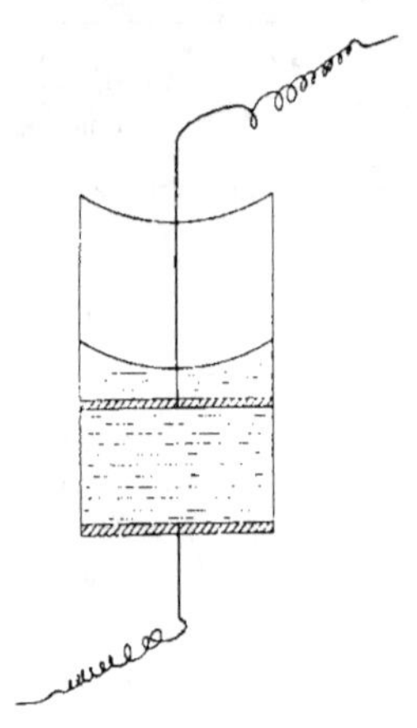

Fig. 29.

Appareil de Rossi pour l'étude de l'action de l'électricité sur les œufs.

structure interne des œufs, une répartition inégale du pigment, un arrangement extraordinaire des blastomères qui sont inégaux de forme et de grandeur, un transfert des substances du pôle animal au pôle végétatif ; pas de segmentation ou une segmentation irrégulière au pôle végétatif, et une irrégularité absolue de toutes les divisions cellulaires.

Les expériences faites pour montrer l'action de la *pesanteur* sont assez contradictoires. Roux (1884) n'admet pas que la pesanteur puisse influer sur le sens de la segmentation. En faisant tourner lentement dans un appareil à rotation des œufs de Grenouille, il obtient une segmentation normale. Au contraire, Rauber (1884),

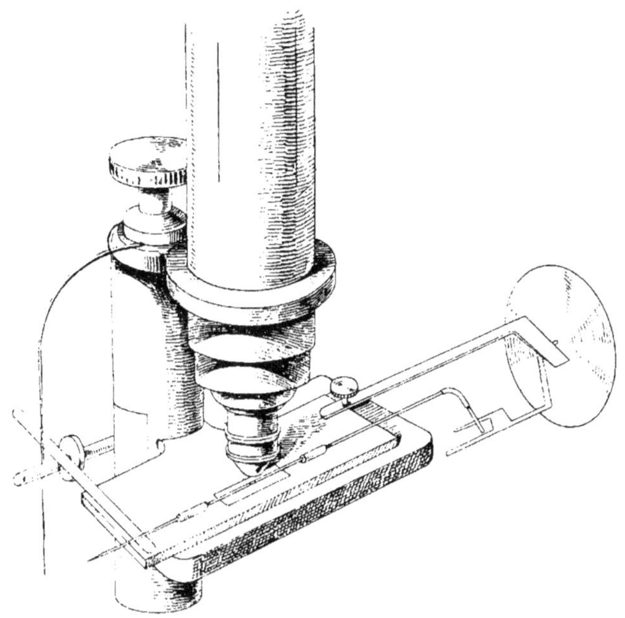

Fig. 30.
Appareil de Chabry pour la destruction d'un blastomère de l'œuf.

en maintenant des œufs de Brochet en position inverse de leur position normale, obtient une segmentation irrégulière ou nulle ; de même Patten a observé que les cellules blastodermiques de Limule se forment dans une position inverse de celle qu'elles devraient occuper, lorsqu'on fait développer l'œuf en position renversée : tandis que normalement c'est le pôle supérieur qui se segmente, en position renversée c'est le pôle inférieur, et les cellules gagnent peu à peu l'autre pôle ; le blastopore est du reste toujours situé à la partie inférieure. Plus récemment O. Schultze (1894) n'observe pas trace de segmentation dans les œufs de Grenouille soumis à une rotation prolongée. De même Eycleshymer chez les Amblystomes. Boveri, en réponse aux expériences de Schultze, fait remarquer que l'arrangement des substances dans les œufs ovariens n'est pas soumis à l'action de la pesanteur ; mais l'observation de Herrick que nous avons citée plus haut (p. 30) montre au contraire qu'il peut y avoir une orientation dans les substances ovariennes, puisque les nucléoles semblent soumis à l'action de la pesanteur. En résumé, il ne semble pas que l'action de la pesanteur soit négligeable pour l'orientation des blastomères.

Très nombreuses sont les expériences portant sur les influences *mécaniques* que peuvent exercer les uns sur les autres les blastomères.

Voici un œuf fécondé qui se divise : les deux blastomères ainsi formés vont exercer sûrement l'un sur l'autre une certaine action ; ce pourrait être une action de pression, mais ce sera aussi une action d'attraction ou de répulsion cytotropique, comme nous le verrons plus loin. A la division suivante, les blastomères, au nombre de quatre, auront des actions réciproques plus complexes encore, et, plus le nombre des blastomères sera considérable, plus les actions seront complexes.

Prenons un œuf au stade 2 et détruisons un des blastomères. Deux appareils différents peuvent être employés.

L'un, imaginé par Chabry (fig. 30), le premier naturaliste qui se soit occupé de ces questions, comporte comme partie principale un aiguillon de verre très fin étiré au thermocautère. L'œuf est introduit par aspira-

tion dans un tube de verre d'un diamètre égal au sien.
Ce tube T peut tourner sur un bâti spécial à l'aide d'une
roue R_0 fixée en P_0 sur la platine d'un microscope.
L'aiguillon de verre est poussé dans le tube capillaire à
l'aide d'un levier L, mû par un ressort R, et arrêté par
un butoir E (ce butoir est un écran mobile sur la vis
micrométrique). A l'aide de cet appareil on peut piquer

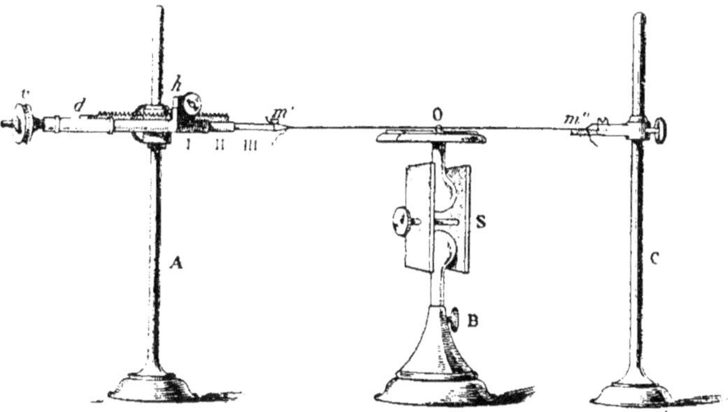

Fig. 31.

Appareil d'Herlitzka pour la séparation des blastomères de l'œuf. —
m'. m''', cheveu tendu entre deux chevalets : B, pièce sur laquelle se
trouve placé l'œuf O ; en A, pièce principale de l'appareil avec tubes
mobiles en I, II, III. Le tube II porte un engrenage permettant
un mouvement rapide d'extension du tube III ; en e, vis micrométrique.

un blastomère, celui qu'on veut et au point qu'on
veut.

Au lieu de ce mode opératoire, qui est employé par
Roux, Endres, etc., d'autres auteurs cherchent à séparer
et non à détruire les blastomères. L'appareil imaginé
par Herlitzka (fig. 31) à cet effet est très pratique. On
sépare les blastomères à l'aide d'une anse de cheveu que
l'on fait mouvoir par un engrenage. Ainsi les blastomères ne sont pas lésés comme avec les méthodes de

Chabry et Roux, mais simplement séparés l'un de l'autre.

Si l'on se sert de la méthode par *piqûre*, on observe qu'un blastomère isolé donne *généralement* un demi-embryon, tandis que par la méthode de ligature, chaque

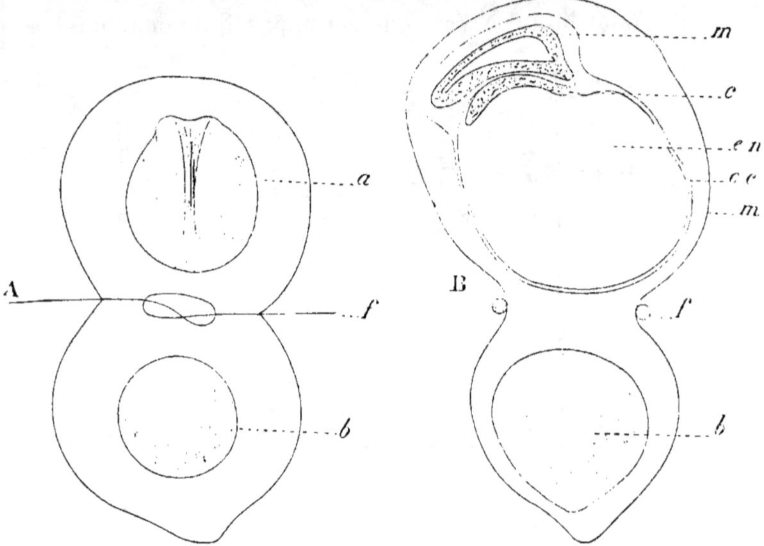

Fig. 32.

Développement d'un blastomère isolé par la méthode d'Herlitzka. — A : En *a*, embryon déjà formé, aux dépens d'un seul blastomère ; en *b*, deuxième blastomère non développé ; *f*, cheveu qui a servi à l'isolement. B, coupe du même : *n*, tube nerveux ; *c*, chorde dorsale ; *en*, endoderme ; *ec*, ectoderme ; *m*, enveloppe de mucus ; *b*, deuxième blastomère ; *f, f*, coupe du cheveu.

blastomère peut donner un embryon entier (fig. 32).

La figure ci-contre montre ce dernier cas.

Nous n'avons pas à entrer dans l'explication détaillée de ces phénomènes, qui sont du ressort de l'embryologie ou de la morphologie expérimentales.

Nous devons cependant dire que dans le cas où un

blastomère étant détruit, l'autre se développe en un demi-embryon, on a pu penser que la formation de ce demi-embryon était due à l'influence de l'autre blastomère, tué, mais persistant, qui devait développer l'autre moitié de l'embryon. Dans certains cas, il pourrait se produire un remaniement de la substance de ce deuxième blastomère, par migration de noyaux et

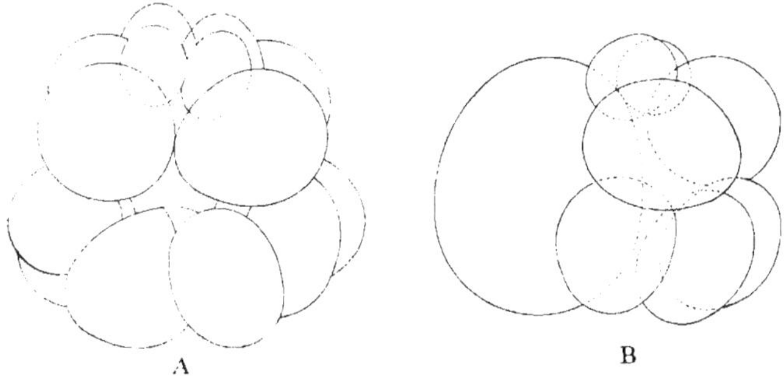

Fig. 33.

A. œuf normal de Toxopneustes au stade 16 ; B. stade 16 d'un blastomère isolé au stade 2 (d'après Driesch).

post-génération (Roux). La formation d'un demi-embryon dépendrait d'une sorte « d'interférence partielle » entre les deux blastomères. La compression occasionnée par la cellule morte sur le blastomère vivant suffirait à expliquer la formation du demi-embryon, les deux blastomères se trouvant dans les mêmes conditions mécaniques que s'ils vivaient tous les deux.

Lorsqu'un blastomère est absolument isolé des autres, il se développe un embryon complet (Driesch, Morgan, Loeb, Zoja, Herlitzka, etc.), bien que souvent la segmentation soit absolument différente (fig. 33). Des influences mécaniques seraient aussi à invoquer dans le cas des extraovats ; mais nous ne pouvons nous étendre sur ce sujet qui demanderait de trop longues explications.

Polarité cellulaire et orientation des blastomères de l'œuf. — On peut définir la *polarité cellulaire* l'orienta-

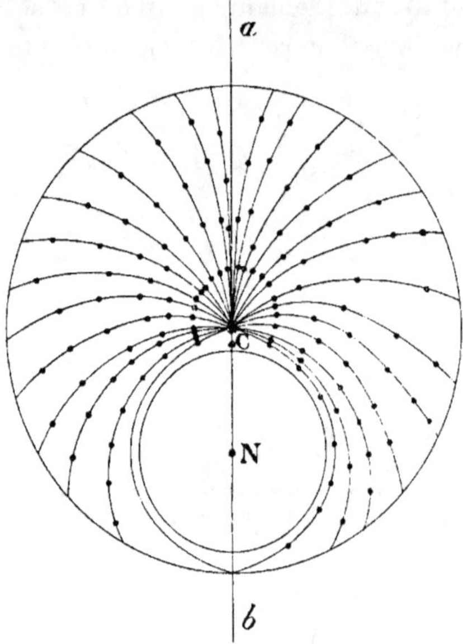

Fig. 34.

Axe cellulaire (a, b) d'après Heidenhain. — N, noyau de la cellule; C, centrosome avec fibres radiées.

tion symétrique des diverses parties de la cellule par rapport à un axe morphologique.

La polarité cellulaire peut être considérée à deux points de vue. Pour Hatschek, Rabl (cellules épithéliales de Salamandre), Mall (cellules de la rétine d'Amblystome), Van Gehuchten (cellules intestinales de la larve de Ptychoptera), c'est une polarité physiologique, répondant à des différenciations secondaires de la cellule. Au contraire, pour Van Beneden et M. Heidenhain, c'est une polarité morphologique. Pour Van Beneden, l'axe morphologique est une ligne qui passe par le noyau et le centrosome, tous les chromosomes convergeant vers le centrosome. Pour M. Heidenhain (1895) c'est la ligne droite qui réunit le milieu de la masse cellulaire totale, le milieu du noyau et le milieu du microcentre. Le groupement des fibres protoplasmiques qui partent du microcentre et qui occasionnent la mitose a une relation constante avec l'axe cellulaire (fig. 34).

L'importance de l'axe cellulaire est considérable dans la segmentation. On sait, depuis von Baer, que les œufs de Grenouille présentent un hémisphère blanc, non pigmenté, et un hémisphère noir, pigmenté. Avant la fécondation, l'œuf prend une position quelconque dans l'eau, l'axe de l'œuf, c'est-à-dire la ligne qui joint le centre de l'hémisphère noir au centre de l'hémisphère blanc, prend une direction quelconque vis-à-vis de la pesanteur. Aussitôt après la fécondation, tous les œufs s'orientent de la même façon, l'axe de l'œuf devient vertical, l'hémisphère noir en dessus, l'hémisphère blanc en dessous. Les deux premières divisions se font suivant cet axe, la troisième lui est perpendiculaire.

Cette polarité de l'œuf a été constatée chez tous les œufs. Pour Van Beneden, Balfour, Lankester, Whitman, il y a dans tous les œufs une polarité marquée correspondant à un axe morphologique, et les pôles de cet axe ont une valeur anatomique et physiologique différente.

Hallez (1886) constate chez les œufs des Insectes une polarité marquée ; pour lui la cellule-œuf possède la même orientation que l'organisme maternel ; et il a pu dire que « chaque élément histologique possède lui aussi ces deux polarités de l'animal, polarités qui persisteraient dans la cellule-œuf après qu'elle a cessé de faire partie des tissus maternels ». Il y a donc un axe constant dans l'œuf fécondé, et la segmentation et ses sphères semblent s'orienter autour de cet axe.

Aussi a-t-on cherché à déterminer cet axe, ou cherché à déterminer pour quelles causes les sphères de segmentation s'orientaient d'une façon constante autour de l'axe de l'œuf.

Il est un certain nombre de lois qui ont été posées. Les lois dites de *Sachs* déterminent que *la cellule, typiquement, tend à se diviser en deux parties égales* et que *le deuxième plan de segmentation tend à être perpendiculaire au premier*. Ces lois sont des lois de fait. Mais voici d'autres lois :

Pour Hertwig (1884), le noyau est toujours au centre de sa sphère d'action, et la division se fait toujours dans le sens *de la plus grande masse* ; l'axe de la mitose, c'est-à-dire du fuseau, étant l'axe longitudinal de la cellule, la première division tend à couper cet axe à angle droit. Le grand axe du fuseau est donc dans le sens des lignes *de moindre résistance*, c'est-à-dire perpendiculaire aux lignes de pression.

Pflüger et Bräm invoquent aussi la loi *de moindre résistance*.

Berthold invoque la loi de *minima area*, c'est-à-dire : la division se fait de telle sorte que le plan de division est une *surface de contact minima*. Driesch invoque le même principe. Pour Roux le premier plan de segmentation passe par l'axe de l'œuf et le pronucleus mâle, c'est-à-dire par le point d'entrée du spermatozoïde. Pour O. Schultze le premier plan de segmentation est simplement déterminé par l'axe de l'œuf et le noyau excentrique.

Ces divergences montrent assez que la question est loin d'être résolue.

Quelle est la cause de cette orientation de l'axe ?

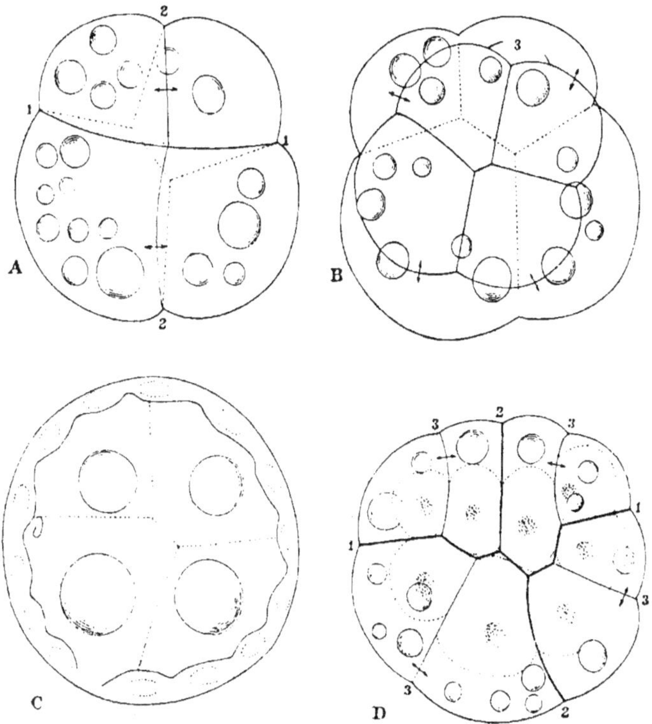

Fig. 35.

Modifications de la segmentation par compression chez Nereis (d'après Wilson). — A, B, stades normaux à quatre et huit blastomères ; C, stade trochophore normal ; D, trochophore résultant d'un œuf comprimé. (Les numéros désignent les plans de segmentation successifs ; les larves contiennent de nombreuses gouttelettes huileuses.)

Est-elle déterminée par l'action de la pesanteur ? Pflüger, en orientant l'œuf de Grenouille de diverses façons dans une solution concentrée d'albumine, a pu déterminer que c'était la pesanteur, car la première division suit la direction de la pesanteur et non de l'axe de l'œuf. Le noyau étant libre dans le cytoplasme s'oriente convenablement, et Pflüger a pu obtenir des larves ayant le dos et la partie supérieure de la queue

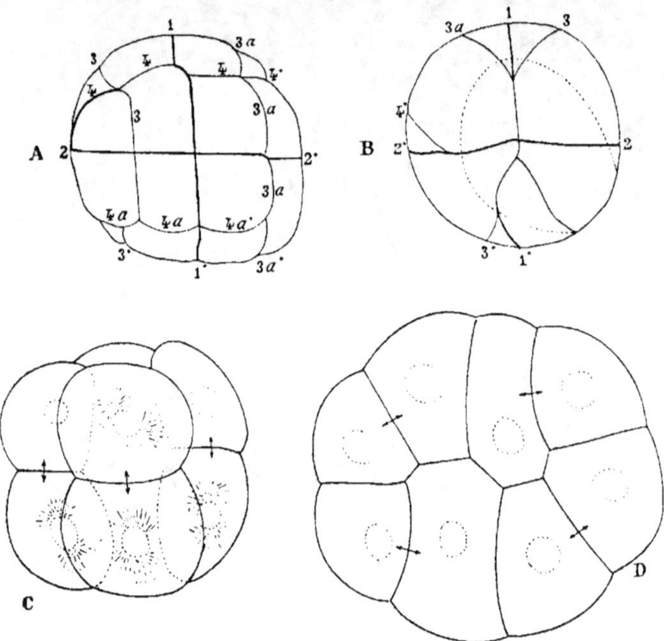

Fig. 36.

A, B, segmentation d'un œuf de Grenouille, comprimé axialement à deux millimètres de distance (les numéros indiquent les plans de segmentation). A, vu en dessus; B, vu en dessous (d'après Born); C, segmentation normale (stade 8) d'un œuf de Toxopneustes; D, segmentation (stade 8) après compression (d'après Wilson).

blanes, et l'autre côté pigmenté, au rebours de ce qui se passe normalement.

Est-elle déterminée par une cause mécanique?

Pflüger, en comprimant un œuf de Grenouille entre deux lamelles, obtient une division parallèle au plan de ces lamelles; l'écartement des anses se fait donc dans le sens de moindre résistance, et le plan de division est perpendiculaire au plan des lamelles. Bräm (1894) invoque le même principe de résistance minima, et montre que le fuseau se place dans une direction telle que le développement ultérieur de la cellule et de ses produits puisse avoir davantage de jeu. Driesch (1894) admet au contraire le principe des surfaces minima. En comprimant entre lamelles des œufs d'Oursin, il voit que toutes les divisions sont perpendiculaires à la surface ; d'où une lame à deux feuillets, dans laquelle une partie des cellules ectodermiques sont devenues endodermiques. Born (1892-1893) comprime des œufs entre des plaques parallèles, soit parallèlement à l'axe (compression axiale), soit perpendiculairement à l'axe (compression latérale). La figure 36, A, B, montre un des résultats qu'il obtient. Ici la compression axiale a été déterminée par des lamelles éloignées de 2 millimètres. Les deux premières divisions sont normales, puis se font une division horizontale supérieure et deux divisions perpendiculaires. Donc, dans les quatre blastomères isolés par les deux premières divisions se font quatre segmentations de troisième ordre, les divisions de quatrième ordre étant de nouveau verticales et parallèles à celles de deuxième ordre.

En réalité, la compression modifie beaucoup l'orientation des blastomères et les divisions successives.

De même Hertwig (1894), en comprimant des œufs de Grenouille entre deux porte-objets ou dans des tubes de verre fins, a observé que sur dix-huit œufs la ligne médiane du corps était dix fois dans le plan de la première division, deux fois lui était presque perpendiculaire, et six fois formait avec lui un angle plus ou moins grand.

Eycleshymer (1896), en comprimant des œufs d'Amblystoma tigrinum, a pu constater que les axes de l'embryon n'ont aucun rapport avec les plans de segmentation, ni avec l'entrée du spermatozoïde.

Il semble, d'après Roux (1884), que l'arrangement des diverses substances vitellines de l'œuf, modifié par la compression, a une influence considérable, non seulement sur la direction et la place du premier fuseau, mais sur la division qualitative de ces substances vitellines.

Mais les recherches récentes de Eycleshymer 1895 et de von Strassen 1895-1896 ne permettent d'affirmer aucune des lois que nous avons posées au début.

Dans la segmentation de l'Ascaris, par exemple, le fuseau se place dans la direction de la plus petite masse du plasma, dans celle de la plus grande résistance ; il se place de telle façon que le plus petit espace soit réservé aux cellules filles et que le plan de séparation est une surface de *maxima area*.

Toutes les lois de la segmentation sont donc infirmées, et si elles peuvent être vraies dans quelques cas, elles ne peuvent être généralisées.

A quoi donc attribuer l'orientation des cellules dans la segmentation? Vraisemblablement à des causes tout autres.

Tout d'abord, la direction de la segmentation est certainement déterminée par des causes internes, en particulier la répartition des matières vitellines dans l'œuf. Puis, comme l'a fort bien fait remarquer von Strassen, il y a des différences typiques entre l'énergie de division de certaines cellules ou groupes de cellules, ce qui tient à la fois aux conditions extérieures et à l'abondance ou rareté du vitellus. Deux blastomères naissant d'une même cellule n'ont qu'une concordance structurale éphémère, et à la division succède une période de croissance et de différenciation. Les noyaux surtout grandissent et se différencient ; on peut voir dès les premiers stades des différences cytologiques importantes, et du reste il peut y avoir des différences typiques entre les cellules dont les noyaux ne semblent pas différenciés extérieurement.

Puis il y a une autre cause, beaucoup plus importante, c'est le cytotropisme, dont Roux, en 1894, a montré la haute portée. Nous verrons plus loin en quoi consistent ces mouvements des blastomères les uns vers les autres (chap. vi, p. 12). Ce cytotropisme, rapprochement ou éloignement des blastomères, est complété par d'autres mouvements que Roux (1896) a récemment analysés : La glissade des blastomères (Cytolisthèse), soit que ces blastomères émigrent en glissant, soit qu'ils se retournent pour chercher leur centre de gravité sans changer de place ; la conjonction des blastomères (Cytarme, *Selbstzusamenfügung*) qui peut arriver à la fusion cellulaire ; la fusion complète ou partielle des blastomères (cytochorisme), à la suite d'une conjonction ; le pouvoir de répartition des substances cellulaires, vitellines, pigmentaires, etc., suivant le milieu ou les bords d'un complexe cellulaire ; la pression des blastomères les uns sur les autres ; leur grandeur relative, etc. ; toutes ces causes qui sont applicables aux positions réciproques des blastomères dans la segmentation, interviennent nécessairement aussi dans l'organogénèse, lorsqu'un groupe de cellules, ou une cellule, va former un organe.

Ces idées ont du reste reçu un appui puissant des travaux de Kopsch (1895) qui a pu constater d'une façon très sûre les mouvements que font les cellules dans la gastrulation de la Grenouille. Certains macromères voisins du blastopore peuvent faire 0,65 millimètres en

30 minutes, et en 36 heures pourraient parcourir jusqu'à 23,40 millimètres.

Les mouvements des blastomères sont donc des mouvements actifs et non des déplacements mécaniques dus à des compressions réciproques.

Si nous jetons un coup d'œil d'ensemble sur les processus de la segmentation, qui sont aussi ceux de la formation des organes, on peut voir que les déplacements cellulaires, si complexes qu'ils soient, n'ont en réalité pour but que de disposer un matériel embryonnaire. La segmentation fournit le matériel et n'influence pas la forme définitive.

Tous les œufs dont la segmentation est retardée ou modifiée, replacés dans les conditions normales, donnent (sauf des cas spéciaux) des embryons normaux.

Ce qui se modifie, c'est le cytoplasme, peut-être surtout le nucléoplasme, et aussi les rapports du cytoplasme et du noyau; mais la division nucléaire et la segmentation ne semblent devoir transmettre que des propriétés déjà existantes.

FRAGMENTATION DU PROTOPLASMA SANS DIVISION NUCLÉAIRE

Les exemples ne manquent pas de fragmentation de protoplasme sans intervention de phénomènes nucléaires.

On sait que chez la Poule peuvent se produire des œufs dits *parthénogénétiques*, pouvant, sans fécondation préalable, donner sinon des embryons, du moins des rudiments de blastodermes. Les recherches récentes de Lau (1895) et de Barfurth (1895) viennent de montrer que ces parthénogénèses abortives n'ont aucun caractère de segmentation normale. Dans ces œufs vierges il se produit une fragmentation vitelline occasionnant une sorte d'amas blastodermique, formé de cellules qui ne possèdent pas de noyau, et qui par conséquent ne s'accroissent pas, n'assimilent pas, ne se divisent pas. Il y a sans doute là, comme le pense Barfurth, un simple phénomène physico-chimique, une *nécrose de coagulation* peut-être, qui est due en partie à la coagulation des substances vitellines, en partie à l'évaporation de l'eau du blastomère. Il est inutile de dire que ces blastodermes sans noyaux n'évoluent pas et n'offrent même pas de cavité de segmentation (1).

C'est du reste toujours à des actions physico-chimiques qu'on peut attribuer ces sortes de fragmentations. Les leucocytes, les amibes, certaines grandes cellules végétales de Tradescantia ou de Saprolégniées, soumis à l'action de substances excitantes et secondairement immobilisantes, se fragmentent en plusieurs grosses masses de protoplasme granuleux, sans que le noyau intervienne, puis l'anesthésie se produit; si l'on remet ensuite ces cellules dans l'eau ordinaire, toutes les masses provenant d'une même cellule se fusionnent de nouveau.

Voici une expérience due à Demoor : on dépose sur une lamelle où se trouve un *Chondrioderma difforme*, grand Myxomycète assez commun, une goutte d'une solution de gélatine chaude :

       Gélatine. 1
       Eau. 10

La gélatine se solidifiant au contact de la lamelle, les filaments protoplasmiques du Myxomycète ralentissent leurs courants, et l'hyaloplasme se segmente en plu-

---

(1) Cette fragmentation vitelline est voisine de celle qui s'accomplit normalement dans beaucoup d'œufs de vertébrés.

sieurs fragments. Si on réchauffe la solution, les phénomènes inverses se produisent et les masses indépendantes de l'Amibe se fusionnent.

Ceci nous conduit aux observations et expériences si intéressantes de Gerassimoff sur les cellules sans noyau.

Schmitz (1879), Klebs (1887), Gerassimoff (1892) avaient observé que dans les grandes cellules de Spi-

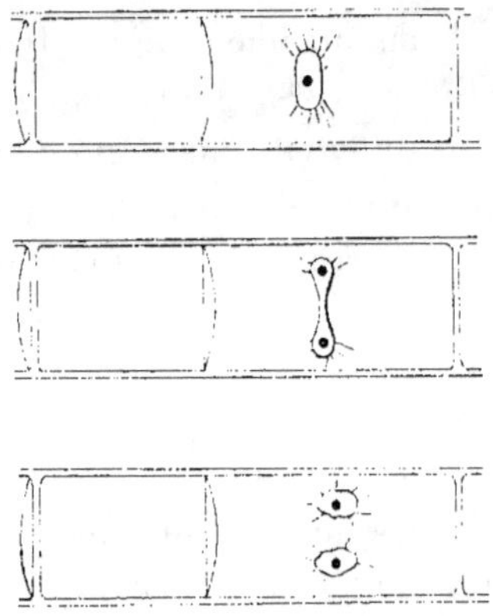

Fig. 37.

Cellules sans noyau de Spirogyra (d'après Gerassimoff). — Une des cellules ne contient pas de noyau ; l'autre contient un ou deux noyaux.

rogyra, Syrogonium, Zygnema, se trouvaient des cellules sans noyau.

Gerassimoff (1892) avait observé que des cellules de ces Algues, se divisant à une température inférieure à 0°, montraient deux cellules sœurs, dont l'une était sans noyau, l'autre possédait deux noyaux accolés ou un seul grand noyau, qui était le noyau de la cellule mère (fig. 37). Dans des expériences plus récentes, le même auteur (1896) réussit à obtenir artificiellement plus de 140 cellules sans noyau, et plus de 200 chambres sans noyau. Pour cela, il se sert de solutions d'hydrate de chloral (de 0,25 à 1,5 p. 100), d'éther (0,42 à 2,5 p. 100 ou d'eau chloroformée (1,25 à 7,5 p. 100); il laisse les cellules en voie de division quinze minutes dans ces solutions, puis replonge les cellules dans l'eau pure. Il obtient ainsi des cellules sans noyau, dans lesquelles la coloration des bandes chlorophylliennes devient rapidement moins vive; ces bandes de chlorophylle se rompent bientôt en plusieurs morceaux et le plasma dégénère. L'existence des cellules sans noyau est donc très éphémère.

Du reste, avant Gerassimoff, Klebs (1887) avait obtenu des résultats presque identiques. En plaçant des grandes cellules de *Zygnema* dans une solution de sucre de canne à 16 p. 100, Klebs obtient une plasmolyse. Dans ces cellules plasmolytiques, les balles protoplasmiques peuvent s'entourer d'une nouvelle cuticule, et il peut se former ainsi des cellules sans noyau.

En résumé, lorsqu'il se produit une fragmentation d'une masse protoplasmique sans intervention du noyau, les fragments, quelque ressemblance qu'ils aient avec une cellule entière, ne peuvent avoir aucune évolution ultérieure. Les expériences de mérotomie confirment cette idée, comme nous l'avons déjà vu.

DIVISION NUCLÉAIRE SANS DIVISION CELLULAIRE

Nous avons déjà vu, d'après les expériences de Demoor, que la formation des cloisons cellulaires dépendait directement de l'activité protoplasmique, que dans les poils staminaux de *Tradescantia*, l'action de H, de CO_2, du vide, empêchait la formation des cloisons, en annihilant l'activité protoplasmique sans que le noyau fût atteint.

L'action du froid arrête aussi la formation des cloisons cellulaires sans empêcher la mitose, comme Dewildeman l'a observé chez les Desmidiées.

Mais c'est surtout dans la segmentation que l'on peut observer cette dissociation des actions nucléaires et cytoplasmiques.

Fol et les frères Hertwig avaient déjà observé que dans certaines conditions des œufs d'Oursin pouvaient produire de nombreux asters sans qu'il y eût encore de divisions cellulaires. Mais ils attribuaient ce fait à une polyspermie.

Cependant Chabry avait pu produire par compression des œufs d'Ascidies non segmentés et multinucléés, ou des blastomères d'Ascidies multinucléés.

Loeb introduisit une nouvelle méthode, et put produire ces curieuses modifications de la segmentation par simple concentration d'eau de mer 1-1,5 p. 100 de Na Cl. Il se forme de nombreux noyaux alors que la segmentation est retardée. Dans de nouvelles expériences Loeb (1895) observe que si l'on retire de l'eau les œufs d'Oursin fécondés, qu'on les place dans l'eau de mer concentrée, la division nucléaire continue, alors que la division cellulaire est arrêtée. Ces divisions nucléaires s'arrêtent pour une certaine concentration d'eau de mer; replace-t-on les œufs dans l'eau de mer normale, on obtient une augmentation rapide. Dans une solution trop concentrée, les noyaux ne se divisent pas, mais si l'on replace les œufs dans l'eau normale, les noyaux se divisent rapidement. La division est presque toujours mitosique dans ces cas.

Driesch a eu des résultats très voisins et une segmentation nucléaire rapide sans segmentation cellulaire, par l'action d'une élévation de température. En revanche, des œufs d'Oursin fécondés, dans une solution de

30 p. 100 d'eau de mer et 20 p. 100 d'eau distillée, lui ont montré une *fusion* des corps cellulaires déjà formés.

Morgan (1893) et surtout Norman (1896) ont répété toutes ces expériences. Pour avoir les cas de Loeb, il faut élever la concentration de l'eau de mer par addition de Mg Cl² ou de Na Cl, ce premier sel donnant de meilleurs résultats. Il y a un optimum de concentration

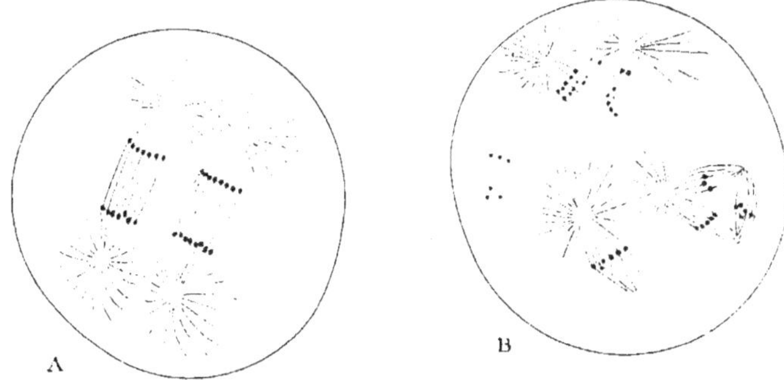

Fig. 38.

Segmentation du noyau sans segmentation du cytoplasme dans un œuf d'Oursin (d'après Norman). — A, œuf avec deux fuseaux, après immersion de une heure dix-sept minutes dans l'eau de mer concentrée ; B, nombreux fuseaux, après immersion de deux heures vingt-sept minutes dans l'eau de mer concentrée.

entre 2 et 3 p. 100. Dans ce cas le noyau se divise et non le protoplasme (fig. 38). Lorsqu'un certain nombre de noyaux sont formés, on peut reporter l'œuf dans l'eau de mer normale, il se produit autant de blastomères qu'il y a de noyaux. Dans tous les cas, la division est mitosique. Les œufs d'Arbacia, d'Echinus, de certains Poissons (Fundulus, Ctenolabrus) donnent les mêmes résultats. L'élévation de température peut produire dans les œufs de Ctenolabre des divisions mitosiques du noyau sans division cellulaire.

On peut rapprocher ces divers résultats de ceux

obtenus par O. Hertwig (1893) pour l'œuf de Grenouille (v. p. 75). Les solutions salines empêchent la segmentation du protoplasme et n'arrêtent pas immédiatement la division nucléaire, de sorte qu'il y a des blastomères à quatre noyaux.

Quoi qu'il en soit, l'élévation du contenu salin de l'eau de mer, la présence du sel dans l'eau douce ou l'élévation de température, semblent, jusqu'à un certain optimum, avoir une action d'arrêt sur le protoplasme, le noyau n'étant pas atteint. Les expériences de Demoor nous avaient montré le même fait à propos de la division cellulaire. Loeb attribue cette abolition de l'irritabilité du protoplasme à une certaine perte de l'eau qu'il contient (par concentration ou élévation de température) et il se produirait une coagulation lente du protoplasme. Or les expériences de Driesch, de Loeb, de Demoor semblent bien montrer que les limites de coagulation sont plus étroites pour le noyau que pour le cytoplasme.

Toutes ces expériences ont une importance incontestable, car elles permettent de faire d'un œuf à segmentation totale, un œuf à segmentation centrolécithe. La segmentation, nous l'avons vu plus haut, n'est que la répartition d'un matériel. Ce matériel existe dans l'œuf, mais aussi dans un des blastomères issus de l'œuf. Aussi la disposition réciproque des blastomères n'a-t-elle pas une importance capitale. Normalement, il existe plusieurs orientations des blastomères dans le développement de chaque organisme. Wilson a observé chez Amphioxus trois modes de clivage différents, et cinq chez Renilla. Eismond a vu tous les modes de clivage chez Toxopneustes lividus, même une segmentation aussi méroblastique que celle des Céphalopodes.

Or, que le mode de segmentation ait été modifié par

la nature ou l'expérience, on arrive ordinairement à la formation d'un embryon normal.

Il résulte de ces faits que le clivage n'est certainement qu'un fait d'organisation. Ce qui est important dans la segmentation, c'est la répartition des substances vitellines, et la différenciation de ces substances autour de noyaux qui se différencient également. Les séparations entre les blastomères, c'est-à-dire les cloisons cellulaires, n'ont qu'une importance relative, sinon une importance de complexité. Dans l'œuf des Arthropodes où les cloisons se forment très tardivement, il se forme des séries de noyaux orientés dans un protoplasme syncytial, ce qui n'empêche pas des invaginations, des reploiements, des plissements de se produire. Nous avons vu qu'expérimentalement, on pouvait, d'un œuf à segmentation totale, faire un œuf à segmentation centrolécithe. L'abîme existant entre les divers modes de segmentation, le clivage et la délamination, est donc comblé.

Ajoutons à cela que récemment, Hammar (1896-1897) a trouvé entre les blastomères, même des œufs dont les blastomères sont très séparés (Oursin, Cœlentérés, Ascidies, etc.), une communication protoplasmique sous forme d'une mince pellicule de cytoplasme qui réunit tous les blastomères d'un même œuf.

Nous pouvons donc conclure que dans la segmentation, ce qui est important, c'est la répartition du matériel embryonnaire, et que les processus employés pour cette répartition n'ont qu'une importance secondaire. Le clivage n'interrompt pas la continuité protoplasmique, et la complication cellulaire n'est qu'un fait secondaire dans l'ontogénèse.

CHAPITRE V

L'adaptation au milieu.

Tout protoplasme doit, pour vivre, être rigoureusement adapté au milieu extérieur. Lorsque ce milieu se modifie brusquement, le protoplasme meurt. Mais si le milieu subit des modifications graduelles, progressives, et surtout lentes, la cellule peut s'accommoder à ce nouveau milieu.

ADAPTATION AUX AGENTS CHIMIQUES

On ne s'expliquerait pas aisément, sans cela, que certaines cellules sécrétantes, par exemple, pussent vivre dans les substances chimiques qu'elles sécrètent. Les cellules glandulaires des Dolium, des Cassis et de quelques autres Gastéropodes qui sécrètent de l'acide sulfurique à 2 et 3 p. 100 ; les cellules glandulaires de certains Insectes qui sécrètent de l'acide butyrique ou de l'acide formique, toutes les cellules des glandes à venin, ont dû subir une adaptation spéciale.

L'adaptation d'organismes unicellulaires à certains milieux est aussi frappante : Davenport et Neal ont constaté que des Stentors peuvent s'adapter lentement à des solutions faibles de $HgCl^2$; ils s'adaptent d'autant mieux à de fortes solutions qu'ils sont déjà adaptés à des solutions faibles. Certains Myxomycètes vivent dans des solutions de sucre de raisin à 2 p. 100, si on concentre lentement les solutions.

L'adaptation naturelle de Schizomycètes ou d'Algues à certaines eaux minérales, soit sulfureuses, soit possédant une forte concentration de sels minéraux, s'observe tous les jours. Loew a vu des Infusoires vivants dans une source alcaline de Californie (Owen's Lake) qui renferme 2,5 p. 100 de $Na^2 Co^3$.

Artificiellement on peut adapter des Protozoaires et des Protophytes à des solutions salines très concentrées. Des Amibes, qui meurent d'ordinaire dans des solutions de Na Cl à 1 p. 100, peuvent être adaptés à des solutions à 4 p. 100. Des Bactéries peuvent s'adapter à des solutions de Na Cl à 0,003-0,009 p. 100; des Anabœna et des Tetraspora à des solutions de 0.018 p. 100; des Oscillaria à 0,01 p. 100; des Infusoires ciliés à 0,003 p. 100. Fabrea salina, un Infusoire des marais salants, s'adapte à des milieux salins variant entre 4 et 8 p. 100 qui sont pour lui un milieu physiologique, et Henneguy a pu l'adapter à une salure de 26 p. 100.

Les Bactéries ferrugineuses et sulfureuses sont encore un bel exemple d'accoutumance de cellules à des réactions chimiques complexes. Il semble en effet démontré que les Bactéries sulfureuses oxydent directement l'acide sulfhydrique en acide sulfurique, qui est immédiatement neutralisé par le bicarbonate de l'eau. Il faut que le protoplasme bactérien ait une grande résistance pour pouvoir supporter cette oxydation.

Les organismes unicellulaires et les cellules s'adaptent aussi très bien aux matières colorantes. De nombreux auteurs ont constaté que les couleurs d'aniline bleu de méthylène, brun bismarck. etc. colorent le protoplasme et le suc nucléaire à l'état vivant.

ADAPTATION AU MANQUE D'EAU. DESSICCATION

Étant donné que le protoplasme contient jusqu'à 80 et 90 p. 100 d'eau, on peut penser que la dessiccation doit avoir une influence considérable sur la teneur en eau du protoplasme et par suite sur sa structure. Il peut se produire en effet, dans ce cas, une *rigidité de dessiccation* fort voisine des phénomènes de rigidité que nous avons déjà étudiés (chap. II). Cette rigidité ne persiste pas lorsqu'on replace la cellule dans l'eau.

Certes, notamment, a fait de nombreuses recherches sur la dessiccation des Protozoaires et Schizomycètes. Des sédiments marins, d'eau douce, d'eau saumâtre, desséchés et remis dans l'eau, donnent de nouveau des Bactéries, des Rhizopodes, des Flagellés, des Ciliés. Des sédiments de lacs profonds (lac de la grotte de Lombrive, Ariège) situés à près de 2 kilomètres sous terre, peuvent donner des Protozoaires (Astasia tenax). Les œufs des Branchiopodes, des Rotifères, Tardigrades, Cladocères supportent une très longue dessiccation. Certes (1881) a pu développer des œufs d'Artemia salina et de Blepharisma lateritia desséchés depuis trois ans. Il y a donc une *adaptation à la dessiccation*, que j'ai du reste pu constater moi-même aussi bien pour des cellules marines que des cellules d'eau douce. L'anabiose n'est qu'une accoutumance (1).

---

(1) Il existe aussi de la part des cellules un tactisme ou tropisme vers l'eau, un *hydrotactisme* ou *hydrotropisme* que Stahl a bien observé chez les myxomycètes. Par addition d'eau, Engelmann (1868) a constaté une suractivité des mouvements chez les spermatozoïdes et les cellules ciliées œsophagiennes de la Grenouille; Dehnecke a vu un mouvement circulatoire plus vif dans les cellules végétales.

EFFETS DE LA CONCENTRATION DU MILIEU. ACTION
DES SOLUTIONS SALINES

Lorsqu'on augmente la concentration d'un milieu aqueux en y ajoutant une solution saline, c'est-à-dire en

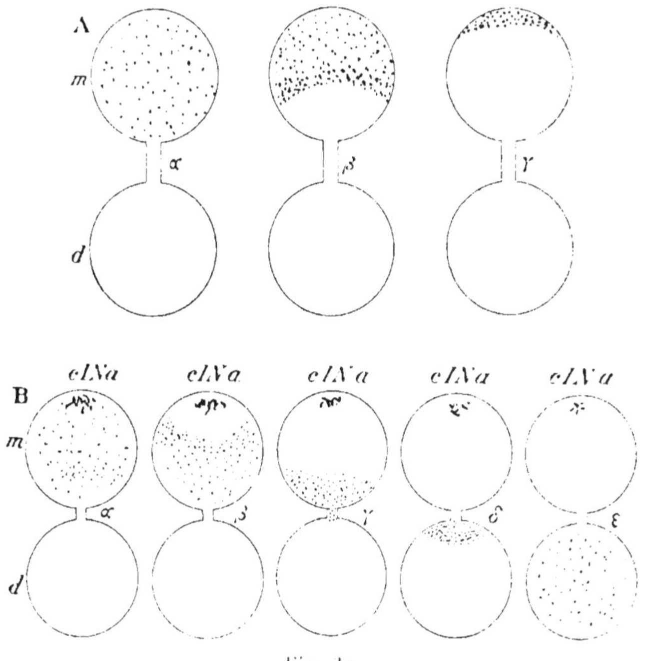

Fig. 59.

A, une goutte d'eau de mer *m* est reliée par un petit canal à une goutte d'eau distillée *d* ; des points noirs représentent des Bactéries marines ; α-γ, stades successifs de l'expérience. — B, une goutte d'eau de mer en *m* ; eau distillée en *d* ; en Cl Na, cristaux de chlorure de sodium ; les points noirs représentent des Anophrys ; α-ε, stades successifs de l'expérience (d'après Massart).

augmentant la teneur en sels du milieu, l'action plasmolytique de cette solution sur la cellule varie proportionnellement au poids moléculaire, lorsqu'il y a attraction, et inversement lorsqu'il y a répulsion ; les *coefficients isotoniques* de de Vries sont des nombres exprimant ces actions osmotiques, qui sont inversement proportionnelles aux poids moléculaires.

Massart, notamment, a déterminé plusieurs coefficients isotoniques pour des Bactéries et des Infusoires. Si sur un large porte-objet on dispose une lamelle portant des micro-organismes, et qu'on place à une extrémité de la goutte une parcelle de Na Cl, ce corps se dissout lentement et diffuse peu à peu. On voit alors les micro-organismes fuir progressivement la solution saline (fig. 39 B).

Si on dépose sur une lamelle une gouttelette d'eau de mer et qu'on la réunisse par un petit canal à une gouttelette d'eau distillée, on voit de même les micro-organismes fuir devant l'eau distillée (fig. 39 A).

On appelle *tonotactisme* positif les mouvements de direction vers la solution plus concentrée, tonotactisme négatif, les mouvements vers les liquides moins concentrés.

En général les organismes fuient les milieux *hyperisotoniques* comme les milieux *hypisotoniques* et recherchent surtout un milieu physiologique. Il y a un optimum vers lequel ils tendent à se diriger, ainsi que le montre l'expérience suivante : une goutte d'eau contient des Anophrys et est rattachée à une autre goutte d'eau par un petit canal ; si on met en un point d'une des gouttes d'eau quelques cristaux diffusants de Na Cl, les Anophrys ne tardent pas à passer dans l'autre goutte d'eau, recherchant l'optimum de concentration.

Si maintenant nous cherchons l'effet de la concentration sur la structure et le métabolisme, nous voyons qu'elle se relie étroitement aux phénomènes d'osmose.

Si dans une solution saline de 5-20 p. 100, on dépose de jeunes cellules végétales, ces cellules se raccourcissent, perdent une partie de leur suc cellulaire, puis le protoplasme se détache de la membrane, comme l'indique la figure 40 : c'est une *plasmolyse*.

Si on reporte des cellules plasmolytiques dans l'eau

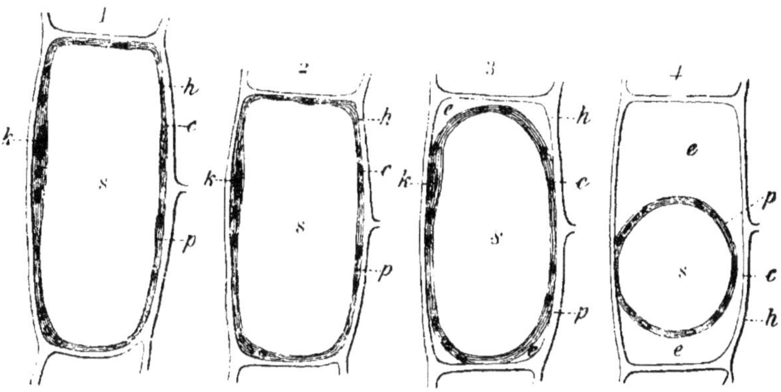

Fig. 40.

1. jeune cellule à moitié développée du parenchyme cortical du pédoncule floral de Cephalaria leucantha ; 2. la même placée dans une solution de nitrate sodique à 4 p. 100 ; 3. la même dans une solution à 6 p. 100 ; 4. la même dans une solution à 10 p. 100. — Les figures 1 et 4 sont dessinées d'après nature ; les figures 2 et 3 sont schématiques. Toutes sont représentées en coupe optique longitudinale. — *h*, membrane cellulaire ; *p*, utricule primordiale ; *k*, noyau de la cellule ; *c*, corps chlorophyllien ; *s*, suc cellulaire ; *e*, solution saline d'après de Vries.

pure, la solution saline diffuse vers l'extérieur et le protoplasme reprend sa forme.

L'action des solutions de Na Cl sur diverses cellules est fort intéressante.

Une solution de Na Cl à 1 p. 100 provoque l'accélération des mouvements chez les Amibes ; à 2 p. 100, cessation des mouvements, l'Amibe s'arrondit ; à 10 p. 100, mort (Kühne, Czerny). Des solutions de Na Cl à 1 p. 100

accélèrent la rapidité des mouvements ciliaires chez les Ciliés et les cellules œsophagiennes de la Grenouille. A 2,5-3 p. 100, généralement les cellules meurent.

La solution de Na Cl à 3 p. 100, cependant, d'après Zacharias, a une action modificatrice curieuse sur les spermatozoïdes amœboïdes de Polyphemus pediculus qui deviennent cylindriques avec de longs pseudopodes, et des sortes de flagellés (fig. 41).

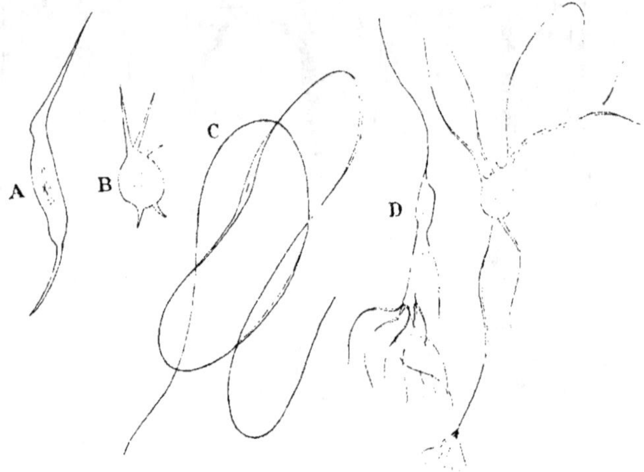

Fig. 41.

A, B, spermatozoïdes de Polyphemus pediculus normaux; C, spermatozoïde dans une solution de sucre à 10 p. 100; D, spermatozoïdes dans une solution de sel marin à 3 p. 100 (d'après Zacharias).

La concentration de l'eau de mer est un excitant pour les Noctiluques (Massart).

Les phosphates n'ont pas une action moins intéressante. Brass avait déjà observé que les Amibes, dans une solution étendue d'alun, montraient des pseudopodes très longs et très fins. Schneider avait signalé quelque chose de semblable chez les spermatozoïdes des Nématodes. Kühne avait aussi remarqué que des solutions

à 0,1 p. 100 de sel marin et de phosphate de soude déterminaient chez les plasmodies des Myxomycètes l'apparition de pseudopodes uniques très longs. Zacharias a
observé que sous l'influence de solutions à 5 p. 100 de

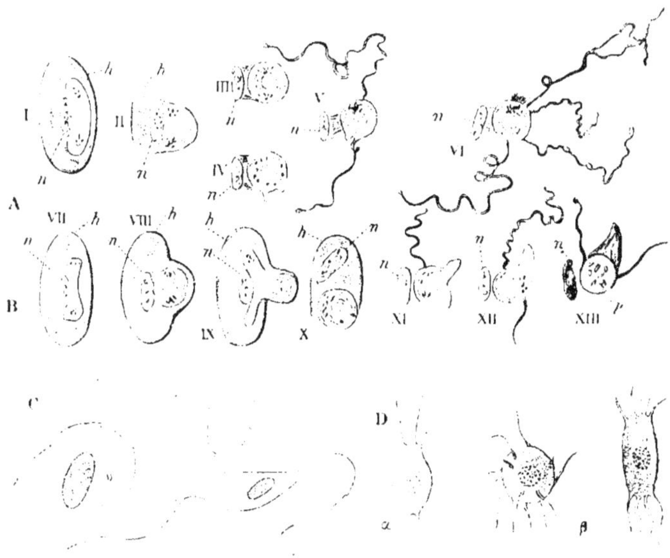

Fig. 42.

Flagellés artificiels. — A, formation *in vitro* en quelques secondes
d'une forme flagellée chez Halteridium (parasite du sang des
Alouettes); I-VI, stades successifs : *n*, noyau de l'hématie; *h*, hématie.
— B : VII-X, formation *in vitro* d'une forme flagellée d'Halteridium
(sang de Pinson : XI-XIII, formation de pseudopodes; XIII, le même
fixé; *p*, pigment (d'après Labbé. — C, deux hématoblastes de Rana
esculenta présentant des expansions flagelliformes, température
ordinaire (Labbé. — D, spermatozoïdes de Polyphemus pediculus :
α, spermatozoïde normal; β, le même après action d'une solution à
5 p. 100 d'acide phosphorique (d'après Zacharias).

phosphate de soude les spermatozoïdes de Polyphemus pediculus d'Evadna, les cellules amœboïdes de
l'intestin de Stenostomum leucops présentaient de véritables flagellés (fig. 42 D).

Les figures ci-contre montrent ces transformations. Elles ont quelque intérêt, car nous avons pu voir dans cette action des phosphates une des causes de ces curieuses phases dégénératives du parasite de la Malaria et des organismes voisins, que Danilewsky avait appelés Polymitus, et dont il avait fait un Flagellé parasite du sang (fig. 42 A, B). Loew a pu constater que des Spirogyra adaptés à une solution à 1 p. 100 de phosphate de potasse croissaient beaucoup en longueur et se multipliaient rapidement, ce qui tient probablement à l'importance du phosphore dans la nucléine.

Du reste les hématies elles-mêmes, sous l'action de la chaleur, mais aussi à la température ordinaire, peuvent présenter des déformations flagellaires. C'est ce que montre la figure 42 (C).

L'absence ou la diminution de sels dans l'eau est aussi une cause de variation.

D'après Bokorny, l'absence de calcium et de magnésium se traduit dans les cellules de Spirogyra, Mesocarpus, etc., par une diminution du volume du noyau qui pourrait même disparaître ; l'absence de magnésium produit le même effet, mais les pyrénoïdes augmentent ; l'absence de calcium se traduit par la réduction des bandes chlorophylliennes. D'autre part, d'après Gruber, les Protistes, qui vivent dans l'eau douce et l'eau de mer, ont un protoplasme richement vacuolisé quand ils passent du deuxième milieu dans le premier (1). J'ai pu observer, au laboratoire de Roscoff, que les nombreux Protozoaires : Cothurnia,

---

(1) Cela pourrait expliquer les faits intéressants étudiés par Kofoïd. Dans le développement des Gastéropodes d'eau douce, la cavité de segmentation est plus grande que chez les formes marines. Or, Kofoïd observe que dans les œufs traités par une solution saline, la cavité est moins restreinte.

Globigerina, Cornuspira, etc., qu'on trouve dans le vivier du laboratoire, s'adaptent très facilement à l'eau douce, mais que dans ce cas le protoplasme est en effet plus vacuolisé.

ADAPTATION AÉRIENNE. MANQUE D'AIR ET AUGMENTATION DE PRESSION

Nous avons vu que l'oxygène était nécessaire à la vie cellulaire. Mais l'exemple des organismes anaérobies montre une adaptation au manque d'oxygène aboutissant à un *aérotactisme* négatif, qui se montre bien dans les cultures de certains Schizomycètes.

Nous avons vu également que le noyau semblait sinon insensible (Demoor), du moins beaucoup moins sensible que le cytoplasme (Loeb et Hardesty) à l'absence de l'oxygène.

Quelques expériences ont été tentées par Certes sur les Algues et les Infusoires, par Regnard sur les muscles, par Roger sur les Bactéries, pour voir quelle pression peuvent supporter ces cellules. Des muscles, des Bactéries peuvent supporter une pression de 300 atmosphères et jouir encore de leur contractilité ou de leur motilité. Des Infusoires supportent une compression de 600 atmosphères pendant 10-16 minutes, et une compression de 300 atmosphères pendant 24 h. (Certes).

Les Protozoaires du sang, habitués à une oxygénation intense, meurent rapidement au sortir des vaisseaux, le milieu extérieur constituant pour eux un milieu asphyxique (Labbé).

ADAPTATION AUX TEMPÉRATURES EXTRÊMES

L'expérience montre que, par adaptation, le proto-plasma peut supporter des températures très supérieures ou très inférieures à celles qui sont indiquées dans les tableaux du chapitre II.

Aderhold (1888, p. 320) a trouvé des Euglènes en hiver, dans des mares glacées à une température voisine de 0°. Strasburger a vu les zoospores des Algues marines résister à des températures comprises entre — 1°,5 et — 1°,8 C.

D'autre part, dans des sources chaudes, on a trouvé nombre d'organismes vivant à une température qui surpasse de beaucoup leur maximum thermique. Le tableau ci-après, emprunté à Davenport, indique quelques-uns de ces faits (tableau VII).

Ainsi des Protophytes peuvent s'adapter à des températures qui dépassent 80°, des Nostocs, des Protococcus peuvent vivre dans des geysers californiens à 93°.

A quelle cause attribuer ces adaptations ?

Sûrement à une accoutumance lentement graduée. Si on élève subitement de 5° C. la température des celles de Nitella flexilis, placées à 18°,5, les mouvements cessent, puis, au bout de 15 minutes, reprennent comme auparavant.

Mendelssohn (1895) a constaté que les Paramœcies offrent un thermotropisme variable suivant la température, positif au-dessous de 24-28°, négatif au-dessus, et que cet optimum peut varier suivant l'accoutumance. De 24-28°, il peut être élevé à 30-32° : les Paramœcies sont surtout sensibles à des différences de température, très légères (0,02 à 0°,005).

Plus concluantes sont les observations de Dallinger (1880). En soumettant des Flagellés à l'action de la chaleur pendant plusieurs mois, en élevant progressivement la température de 5 en 5°, et en laissant après chaque élévation l'organisme s'adapter, Dallinger a pu surélever la température ambiante à plus de 70° C. sans

TABLEAU VII

Organismes unicellulaires trouvés dans des sources chaudes (en partie d'après DAVENPORT.)

ESPÈCES TROUVÉES	TEMPÉRATURE C.	LOCALITÉS	AUTEURS
Chroococcus	51 à 57°	Source de Benton's Hot (Californie) . . .	Wood.
Nostocs et Protococcus . . .	93°	Geysers. Lake Co., Californie, peu abondants.	Brewer, Wyman.
Nostocs	51-57°	Benton's Hot	Wood.
Anabaena thermalis	57°	Dax	Serres.
Leptothrix	44-54°	Carlsbad	Cohn.
Oscillaria et Conferves . . .	54-68°	Yellowstone Nat. Park (États-Unis) . . .	Weed.
— . . .	54°.4	Bernandino Sierra (Californie)	Blake.
— . . .	57°	Hamman-Meskhoutin (Algérie)	Gervais.
— . . .	57°	Taupo (Nouvelle-Zélande).	Spencer.
— . . .	60-65°	Geysers Lake Co, Californie (États-Unis) .	Brewer.
— . . .	60-65°	Sources chaudes. Ark. (États-Unis) . . .	James.
— . . .	71°	Banos Luzon (Philippines)	Dana.
— . . .	75°,5	Sources de Soorujkoona	Hooker.
— . . .	81-85°	Ischia	Ehrenberg.
— . . .	98°	Iceland.	Flourens.
Diatomées	Fréquemment associés avec ces Algues.		

accident. Or la température maxima que ces Flagellés puissent supporter est de 40 à 45° C.

Cette adaptation semble tenir du reste non pas seulement aux conditions de l'expérience, mais à une cause toute chimique ; Sachs avait déjà montré que le pouvoir de résistance des cellules végétales au froid ou à la chaleur est d'autant plus grand que les cellules contiennent moins d'eau. Lewith, en cherchant la cause de résistance des spores aux hautes températures, a pu la trouver dans les limites de coagulation de l'albumine.

L'albumine d'œuf filtrée, en solution aqueuse, a pour température de coagulation 56° ; avec 25 p. 100 d'eau, cette limite de coagulation atteint 74 à 80° C. ; avec 18 p. 100 d'eau, 80 à 90° C ; avec 6 p. 100 d'eau, 145° C. ; et sans eau 160 à 170° C. Il en résulterait que le protoplasma peut reculer ses limites de coagulation en cédant graduellement de l'eau.

ADAPTATION A L'ÉCLAIREMENT

D'après de nombreuses études, l'action de la lumière a une grande importance chez beaucoup de végétaux et d'animaux et produit des modifications notables de forme. Il serait à désirer que l'on reprît ces études au point de vue cytologique, car il est certain que les cellules peuvent s'adapter aussi bien à un éclairement intensif qu'à une obscurité complète (faune des cavernes). Dans le cas d'une obscurité complète, de nombreuses modifications se produisent dans la pigmentation et les organes des sens, ce qui prouve une adaptation qui serait intéressante à étudier au point de vue cytologique. Les botanistes connaissaient depuis longtemps la grande influence de la lumière sur la croissance et la structure des plantes.

ADAPTATION AUX EXCITATIONS MÉCANIQUES,
A LA PESANTEUR, A L'ACTION DES CORPS SOLIDES

Verworn a montré que des excitations répétées à intervalles rythmiques occasionnent chez les Amibes une rétraction des pseudopodes, puis une période d'excitation, véritable tétanos physiologique ; chez les Ciliés l'excitation se traduit par un mouvement ciliaire plus intense. Mais l'excitation répétée aboutit à l'épuisement et à la mort.

Cependant il semble qu'il puisse se produire une adaptation à des excitants mécaniques, aussi bien qu'à l'action du contact des corps solides. Ceci semble être prouvé par les Protozoaires fixés, soit d'une façon durable, soit d'une façon passagère (Urcéolaires, Trichodines, etc.).

L'influence de la pesanteur est souvent neutralisée par d'autres forces. On peut citer le cas des Protozoaires pélagiques (Tintinnoïdiens) et aussi celui des Protozoaires parasites du sang des Vertébrés, qui sont obligés de suivre le cours rapide du sang dans les vaisseaux, et sont forcés pour subir la sporulation de s'arrêter dans les organes où le sang filtre ou stagne (rate, moelle des os, etc.).

ADAPTATION A LA VIE PARASITAIRE. CYTOSYMBIOSE

C'est là une question des plus importantes et que nous ne pouvons malheureusement traiter que succinctement.

Dans le cas des parasites des cavités organiques : Bodo, Hexamitus, Opalina, Amœba, Protozoaires des cavités intestinales, l'adaptation est relativement facile, car ces Protozoaires vivent en général dans le rectum.

et sont plutôt en contact avec des leucomaïnes ou pto-
maïnes, qu'avec les sucs digestifs.

Danilevsky et moi-même avons constaté le passage
de certains de ces Flagellés dans le sang, grâce à l'affai-
blissement anémique des muqueuses. Certains Hexamitus du Lézard, de la Grenouille, de la Tortue d'eau
douce, peuvent ainsi s'adapter au sang, où ils vivent en

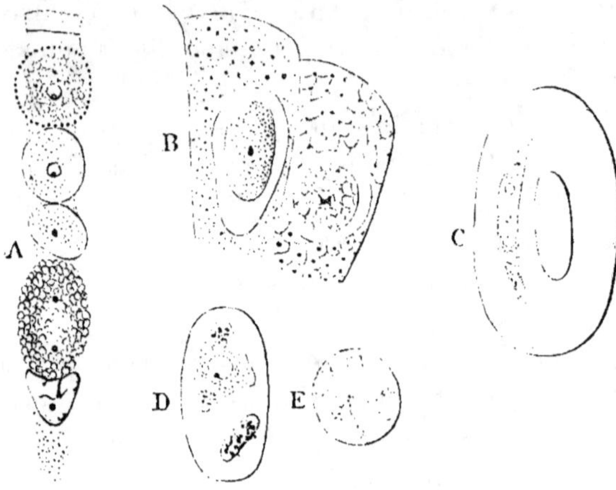

Fig. 13.

Parasites intracellulaires (d'après Labbé). — A, cellule intestinale
de Poulet renfermant quatre jeunes Coccidium avium; B, deux cellules de foie de Chiton renfermant deux Minchinia; C, hématie de
Rana esculenta avec Hæmogregarina; D, hématie de Pinson renfermant un Hæmoproteus; E, hématie d'un malade atteint de fièvre
tierce et renfermant un Plasmodium malariæ.

quantité innombrable. Ces faits sont absolument en
contradiction avec ceux de Faggioli (1892), pour qui tous
les liquides sanguins ont une haute action délétère sur
les Protistes. Dans certains cas, ainsi que j'ai pu le
constater, le sérum devient même un vrai milieu de
culture pour certains Protozoaires.

Du reste, certains Flagellés, les Trypanosomes, les

Trypanomonades, sont absolument adaptés aux milieux sanguins, et se retrouvent dans le sang de nombreux animaux (Cheval, Rat, Hamster, Lapin, Grenouille, Lézard, Tortue, Poissons, etc.).

Certains Protozoaires qui vivent chez les Invertébrés. dans les cavités générales des Siponcles, Phascolosomes, Synaptes, Lombrics, etc., sont aussi adaptés à des liquides surtout albumineux, qui jouent le rôle de sang.

Tout autre chose est ce que nous avons appelé la *cytosymbiose*, l'adaptation du parasite au parasitisme intracellulaire. Nous ne pouvons guère insister sur ces questions. On peut se reporter à un travail précédemment publié par nous (1896). Voici les Chytridinées qui sont adaptées à une cellule d'Algue ou de plante quelconque ; les Coccidies, adaptées aux cellules épithéliales ou glandulaires ; les Hémosporidies et Gymnosporidies, adaptées aux globules sanguins des Vertébrés ; les Sarcosporidies et certaines Myxosporidies, adaptées à la cellule musculaire fig. 43.

Tous ces parasites sont adaptés au cytoplasme de l'hôte, et même à certains cytoplasmes de l'hôte, et ont leur existence liée physiologiquement aux fonctions de la cellule-hôte. Cette cellule est pour eux le milieu ; elle est pour le parasite un vestibule nutritif ; il s'est établi un équilibre économique entre la cellule-hôte et la cellule parasitaire, équilibre quelquefois rompu au profit de l'une ou de l'autre, mais qui n'a généralement que des effets indirects.

Il y a véritable équilibre cytosymbiotique. Détruire l'équilibre physiologique de la cellule, c'est détruire celui du parasite ; et la variation individuelle du parasite est fonction de la variation physiologique de l'hôte ou fonction d'une adaptation à un nouvel hôte, et par suite à un nouveau cytoplasme.

CONCLUSIONS

A la fin du chapitre II, nous étions arrivés à cette conclusion que les divers agents physiques ou chimiques capables de modifier le protoplasme, ou plutôt la cellule, semblent surtout agir par différence d'intensité. La cellule réagit et il y a un coefficient de résistance à chaque agent d'excitation, non seulement suivant sa qualité, mais suivant sa quantité.

Mais pour une cellule vivante, il faut non pas une seule des conditions que nous avons étudiées, mais un très grand nombre : il lui faut de l'oxygène, de l'eau, des sels dans cette eau, une certaine pression, une certaine réaction aux corps solides et à la pesanteur, de la lumière, de la chaleur, de l'électricité. A toutes ces forces correspondent un maximum, un minimum, un optimum. C'est cet optimum que l'on peut modifier pour chacun d'eux ; mais pour modifier le protoplasma, il faudrait modifier, dans certains rapports, les optimums de toutes ces forces, dans de telles limites que la cellule puisse vivre. C'est cet ensemble de conditions qui représente ce complexe qu'on appelle *le milieu*.

Encore négligeons-nous les facteurs physiologiques, bien plus importants.

La variation ne peut se produire que par des adaptations lentes, successives, graduelles, et ce sont ces adaptations à de nouveaux milieux qui déterminent par osmose des modifications chimiques, puis structurales du protoplasma, sous l'influence de l'excitation fonctionnelle.

CHAPITRE VI

Tropismes et tactismes dans l'organisme et dans l'ontogénèse.

L'ontogénèse tout entière est dominée par les tropismes et les tactismes, c'est-à-dire par des attractions et des répulsions. Ce sont d'abord les *tropismes*, c'est-à-dire les orientations protoplasmiques dans une direction déterminée par telle ou telle cause physico-chimique. Puis les *cytotactismes* et *cytotropismes*, c'est-à-dire les actions réciproques exercées par les cellules les unes sur les autres, et enfin les *biotactismes*, qui sont l'application à l'ontogénèse de tous les tropismes et tactismes que nous avons étudiés au chapitre II.

TROPISMES PROTOPLASMIQUES

Les tropismes protoplasmiques sont extrêmement fréquents dans les cellules, puisqu'ils déterminent la différenciation même de la forme cellulaire.

Dans l'ontogénèse, on peut considérer comme tropismes la migration des épaississements nodaux de l'œuf des Arthropodes, la migration des noyaux blastodermiques dans un très grand nombre d'œufs. On y doit rattacher aussi la migration des noyaux dans la sporulation de beaucoup de Protozoaires, et en particulier chez les Sporozoaires. Cette migration des noyaux vers la périphérie est accompagnée de la migration du plasma formatif, le plasma nutritif restant au centre (1).

Dans les cellules, les migrations nucléaires doivent aussi être rattachées à des tropismes (par ex. la position excentrique de beaucoup de noyaux de cellules ani-

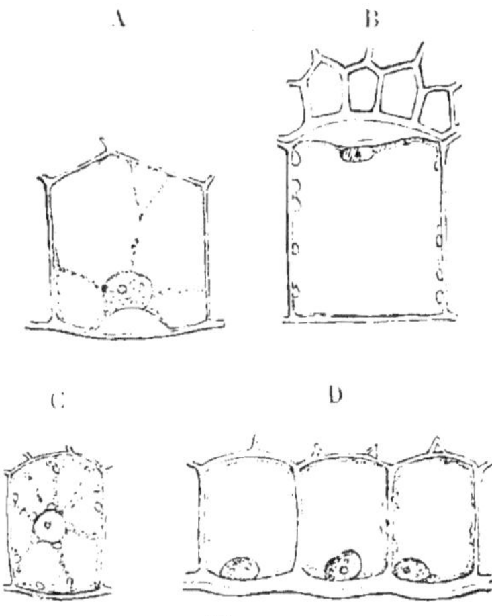

Fig. 44.

A, cellules épidermiques d'une feuille de Cypripedium insigne; B, cellule épidermique de Luzula maxima; C, cellule épidermique du tégument séminal de Carex panicea; D, jeune cellule épidermique d'une feuille d'Aloë verrucosa (d'après Haberland).

males, dans les œufs des Insectes (Korschelt) et des Actinies (Hertwig), soit pour se rapprocher des cellules vitellines, soit pour se rapprocher du micropyle). Haberlandt, dans les cellules végétales jeunes, a constaté que le noyau se trouve généralement dans le point le plus rapproché du centre d'accroissement actif (fig. 44). De même dans certaines Algues, la position du noyau

<hr>

1) LABBÉ 1896. Dans les Chytridinées même (Pseudospora), les egesta restent au centre.

répond à cette même idée. Haberlandt a vu que chez les Vaucheria, lorsqu'il se produit une blessure, de nombreux petits noyaux se portent vers la surface, tandis que les corps chlorophylliens émigrent en position inverse.

Pour Wortmann (1885) et Godlevsky (1888) ces tropismes sont dus à l'affluence du protoplasma vers l'excitant ou en sens opposé de l'excitant, selon que le tropisme est positif ou négatif. Cette affluence a pour résultat l'accroissement de la paroi cellulaire à l'endroit où le plasma s'accumule. Comme, d'autre part, la paroi cellulaire, en ce point, est plus épaissie qu'au côté opposé, il en résulte des différences dans l'extensibilité et l'allongement de la paroi cellulaire, de façon à rapprocher ou éloigner la cellule de l'excitant.

Cette idée demanderait à être vérifiée par des expériences, car elle pourrait avoir une importance considérable dans l'ontogénèse.

La régénération pourrait invoquer aussi comme explication un tropisme causé par une excitation mécanique. Nous avons vu plus haut que si l'on sectionne une cellule de Vaucheria, le protoplasme granuleux et les noyaux s'accumulent vers la blessure et reforment une membrane.

La régénération des œufs pourrait s'expliquer de la même façon, en particulier la postgénération de Roux. On sait que, pour Roux, lorsqu'on détruit un blastomère au stade 2, un certain nombre de noyaux émigrent dans le blastomère détruit, et remanient le protoplasme de ce blastomère de façon à régénérer la partie de l'embryon manquante (1).

---

(1) Pour Weissmann, la régénération des œufs d'Oursins et d'Ascidies s'explique par la présence de *déterminants* supplémentaires dans le blastomère qui reste, grâce à la faculté blastogénétique, si développé chez l'Oursin et l'Ascidie.

La régénération des Infusoires après mérotomie peut s'expliquer par des tropismes protoplasmiques après excitation.

On peut considérer aussi comme tropismes positifs l'attraction de deux parties de même cellule. Ainsi, chez les Rhizopodes, les pseudopodes qui arrivent au contact peuvent se souder, même s'ils sont coupés ou isolés du corps (Jensen). Au contraire, des pseudopodes d'Orbitolites ou Amphistegina, lorsqu'ils appartiennent à des individus différents, éprouvent une brusque répulsion et ne se fusionnent pas.

CYTOTROPISMES

Hartog (1892) a appelé *adelphotaxy* cette forme spéciale d'irritabilité qui consiste en la tendance des cellules à prendre une position définie vis-à-vis de cellules sœurs ou de cellules de même nature.

Adelphotactisme de cellules de même nature et de même origine. — Ce tropisme est celui auquel Hartog a réservé le nom d'adelphotaxie. En voici quelques exemples.

Les zoospores de certaines Saprolégniées (Achlya), dès leur sortie du sporange, se groupent en sphère creuse, l'extrémité pointue en dedans, et se juxtaposent (Hartog).

Les zoospores d'Ectocarpus tomentosus, après avoir nagé quelque temps, s'arrêtent et s'accolent, formant une base continue; une zoospore, par exemple, erre autour de la colonie, tâte avec son cil antérieur les bords de cette colonie, engage son cil antérieur dans l'intervalle de deux zoospores, y entre son bec hyalin, se soude, se moule solidement dans l'intervalle et bientôt ne diffère plus des autres. Tout cela se fait en moins d'une minute (Sauvageau, 1895).

La formation des plasmodia des Myxomycètes, les formations des plasmodia d'amœbocytes qui englobent des corps étrangers dans la cavité générale d'autres animaux (1) doivent rentrer dans cet ordre de faits. Dans ce second cas, il y a adelphotactisme, mais entre cellules attirées autour d'un point par une même cause. L'attraction peut être assez énergique pour déterminer la disparition des cloisons cellulaires et la formation de *plasmodia;* un adelphotactisme semblable a lieu dans la formation des cellules libres du mésenchyme chez un grand nombre d'embryons.

Dans une autre catégorie se classerait le cytotropisme des blastomères de W. Roux, c'est-à-dire les mouvements que font les uns vers les autres des blastomères séparés ou non.

Nous avons, plus haut, déjà dit un mot de cette importante découverte. Si on sépare des blastomères d'œufs de Rana fusca (et non de Rana esculenta), et qu'on les place dans une solution physiologique de sel de cuisine ou une solution d'albumine, on voit les blastomères. d'abord polyédriques, devenir sphériques et s'avancer l'un vers l'autre jusqu'au contact parfait, non pas en ligne droite, mais en zigzag. L'influence de deux blastomères peut se faire sentir jusqu'à 60 μ. Quelquefois le rapprochement se fait non en ligne droite, mais suivant des lignes presque parallèles. D'autres fois, les blastomères peuvent offrir des mouvements amœboïdes,

---

(1) La formation de *plasmodia* d'amœbocytes autour des kystes de Grégarines cœlomiques est particulièrement intéressante. Il y a ici deux tactismes : tactisme phagocytaire et adelphotactisme (V. Metchnikoff, Cuénot. Léger, Labbé et Racovitza).

paraplasmiques ou *protoplasmiques* (1), les uns vers les autres.

Quand il y a trois ou plusieurs blastomères ensemble,

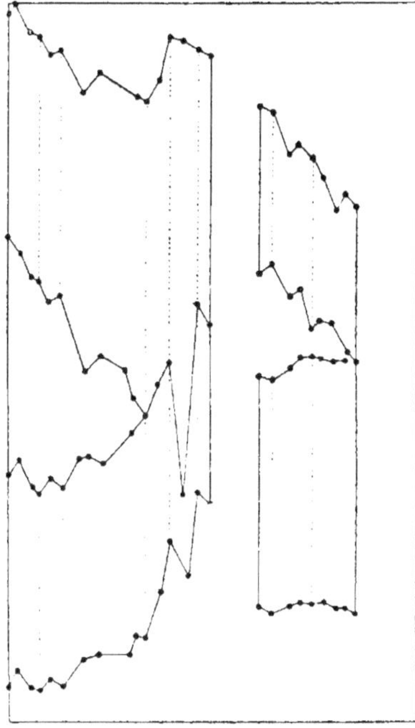

Fig. 15.

Deux diagrammes des mouvements cytotactiques des blastomères de la Grenouille rousse d'après Roux. — Les lignes pleines représentent les positions successives des extrémités du diamètre à l'approche d'un blastomère; les lignes ponctuées représentent le diamètre du blastomère.

un d'eux peut se diriger vers le deuxième, et ceux-ci vers le troisième. Il y a un *cytotropisme* négatif qui est

----

(1) Roux distingue les pseudopodes protoplasmiques, qui sont formés par toute la substance cellulaire, des pseudopodes paraplasmiques qui sont formés par l'ectoplasme.

l'opposé de celui-ci : deux cellules, après s'être approchées, s'éloignent l'une de l'autre.

Il y aurait des conditions extérieures : la chaleur (20 à 28°), la lumière, qui accélèrent le cytotropisme.

Nous avons vu (p. 91) les résultats du cytotropisme dans les premiers stades de l'ontogénèse.

Nous avons vu également les intéressantes recherches de Kopsch sur le cytotropisme pendant la gastrulation. L'intérêt de cet adelphotactisme spécial, auquel Roux a réservé le nom de *cytotropisme*, est extrêmement considérable pour expliquer les phénomènes de déplacement, de glissade, de groupement aux pôles de telle ou telle sorte de blastomères; en résumé: la segmentation.

Mais dans la formation des organes, nous retrouvons les mêmes cytotactismes ou cytotropismes que dans la formation de l'embryon. Les refoulements, les plissements, les invaginations, qu'on trouve à tous les stades de l'organogénèse, sont sans doute en grande partie dus à des phénomènes de cytotropisme, autant que d'accroissement inégal.

Ce qui semble le prouver, c'est l'embryogénie tout entière des Arthropodes où se retrouvent dans les premiers stades les mêmes processus d'invagination, de plissement, etc., alors que les membranes cellulaires n'existent pas et que l'organe, l'embryon, est syncytial.

Dans tous les cas de plasmodia secondaires, comme les néphridies des Oligochètes, des Hirudinées, organes qui au début sont pluricellulaires (Nussbaum, Vejdovsky); comme les cellules binucléées qui engendrent les prolongements chitineux radiés du chorion ovulaire de Nepa, Ranatra, cellules qui proviennent de la fusion (?) de deux cellules binucléées, on peut invoquer le cytotropisme.

Le cytotropisme est sans doute aussi pour une bonne part dans l'attraction des cellules vitellines pour l'œuf de beaucoup d'animaux.

Très intéressants sont les phénomènes qui précèdent la formation des œufs de certains Hydraires (Myriothela, Tubularia). Korotneff et j'ai pu vérifier ce processus a vu que, chez Myriothela, des nombreuses cellules vitellines remplissant le gonophore, trois ou quatre seulement devenaient des ovules primitifs; tous les noyaux des autres cellules subissent une dégénérescence muqueuse, leurs plasmas se confondent avec celui des ovules primitifs, de sorte qu'il ne reste plus qu'un seul œuf, produit de la fusion de toutes ces cellules, et un seul noyau, la vésicule germinative.

Dans le processus embryonnaire, la soudure de cellules, soit en masses, soit en tubes ou en filaments, soit en membranes, n'a certainement pas d'autres causes que l'adelphotactisme.

Il est possible que les communications protoplasmiques qui existent entre les cellules de beaucoup de tissus soient aussi dans quelques cas secondaires; les anastomoses, en particulier, entre certaines cellules musculaires.

Cytotactisme entre cellules différentes. — Des tactismes peuvent s'exercer entre cellules différentes, soit que ces cellules soient déjà différenciées, soit qu'elles proviennent d'un matériel commun qui se différencie de diverses façons. C'est ainsi que naissent les communications entre fibres musculeuses et nerveuses, entre les cellules épithéliales et conjonctives, entre cellules épithéliales et fibres musculaires lisses, entre fibres musculaires lisses et cellules conjonctives. Schuberg et

d'autres auteurs ont décrit un grand nombre de cas de
ce genre.

Ici la fusion s'explique encore par le cytotropisme.

Cytotactisme sexuel. — On peut définir le cytotactisme
sexuel, l'attraction de deux cellules fécondables, que ces
deux cellules soient toutes deux mobiles, ou bien l'une
immobile et l'autre mobile.

Pfeffer avait constaté que les anthérozoïdes des
Fougères sont puissamment attirés par l'acide malique
à 0,01 p. 100. Si on remplit d'une solution d'acide malique à 0,01 p. 100 un tube de verre capillaire, et qu'on
le plonge dans de l'eau contenant de ces anthérozoïdes,
au bout d'un moment le tube est rempli d'anthérozoïdes,
attirés par la diffusion de cette substance. Il y a un optimum de concentration pour lequel l'attraction est plus
puissante. D'autre part, il paraîtrait que l'archégone des
Fougères sécrète de l'acide malique. Il semblerait donc
qu'on puisse rapporter l'attraction sexuelle à un chimiotropisme positif.

Tandis que l'acide malique est sans action sur les
anthérozoïdes des Mousses, des Hépatiques, des Cha-
racées, le sucre de canne à 0,1 p. 100 est très énergique
chez les premiers, et sans action sur les autres.

Il existe du reste aussi un cytotropisme négatif.

En mélangeant des anthérozoïdes de Cutleria multi-
fida, avec des œufs de C. aspersa, Falkenberg (1879)
observe que les anthérozoïdes viennent effleurer les
œufs, s'appliquent à eux momentanément, puis s'en
séparent vivement, et le cytotropisme négatif est dans
ce cas assez énergique pour vaincre l'influence de la
lumière.

Il est évident, en tout cas, que l'attraction sexuelle
est un cytotropisme ; la formation du cône d'attraction

dans la fécondation, l'étude des mouvements qui précèdent la conjugaison chez les Protozoaires, et nombre d'autres preuves l'attestent.

L'action des anesthésiques est considérable sur le cytotactisme sexuel. Les frères Hertwig ont pu voir des œufs d'Oursin fécondés par des spermatozoïdes anesthésiés par l'hydrate de chloral à 0,5 p. 100 ; mais si l'action du chloral est plus longue (une demi-heure) les œufs ne sont fécondés que lentement. Les œufs chloralisés offrent une *pseudo-polyspermie* et se laissent sur-féconder d'autant plus que la durée d'action et les concentrations de la solution de chloral ont été plus grandes : cela tient à ce que le protoplasma anesthésié ne peut plus former de membrane vitelline, et l'attraction sexuelle se manifestant toujours, les spermatozoïdes continuent à y pénétrer.

Quelles sont les causes réelles de l'attraction sexuelle ?

Ce ne peut être, comme le croit Naegeli (1884), une force électrique.

Il est certain que les conditions extérieures jouent un très grand rôle ; Klebs et Maupas ont vu l'influence de l'alimentation sur la fécondalité. « Une riche alimentation endort l'appétit conjuguant : le jeûne au contraire le réveille et l'excite. » Maupas. D'autre part, ce même auteur a constaté que l'état de fécondabilité est de courte durée. On serait tenté, après les expériences de Pfeffer, de conclure à un chimiotropisme. L'attraction sexuelle serait causée par des substances chimiques sécrétées par l'œuf et qui attirent l'élément mâle. Mais O. Hertwig fait remarquer que toutes les archégones de Fougères sécrètent de l'acide malique ; et cependant une espèce de Fougère ne peut être fécondée que par l'anthérozoïde de la même espèce.

Il y a donc là un complexe que nous ne pouvons encore élucider.

D'autant moins que dans la conjugaison des Algues inférieures et des Protozoaires, on trouve généralement en présence deux cellules de même forme et de même grandeur, et non deux cellules de masse et de grandeur différentes.

Ainsi, dans la conjugaison classique des Spirogyra, les saillies que poussent les cellules de deux filaments différents de Spirogyra sont des tropisme vrais. Il est à ce sujet très intéressant de noter un fait signalé récemment par Lommen (1897) : il s'agit de deux cellules voisines d'un *même* filament de Spirogyra qui se seraient conjuguées après rupture de la paroi.

Quoi qu'il en soit, nous ne pouvons encore connaître les causes du cytotropisme sexuel, pas plus que nous ne connaissons les causes des tropismes et tactismes spéciaux.

Caryotropisme. — Sous le nom de nucléinotropisme ou de chromatinotropisme, Roux désigne l'attraction des noyaux dans la fécondation. Nous ne pouvons insister ici sur cette question, devenue très complexe, depuis que certains auteurs comme Rückert ont constaté l'indépendance du noyau mâle et du noyau femelle, chez les Copépodes, ce qui vient à l'appui des recherches de Van Beneden sur les Ascaris (fig. 46).

Depuis que Hertwig et surtout Boveri ont constaté que des fragments énucléés d'œufs d'Oursin pouvaient être fécondés et se développer, on ne peut plus admettre dans la fécondation seulement une fusion des pronucleus, c'est-à-dire un caryotropisme. Ce n'est pas dire que dans d'autres cas ce caryotropisme n'existe pas.

Il est bien probable que le caryotropisme existe, non seulement dans la fécondation, mais dans l'ontogénèse. L'orientation régulière des noyaux dans les syncytiums

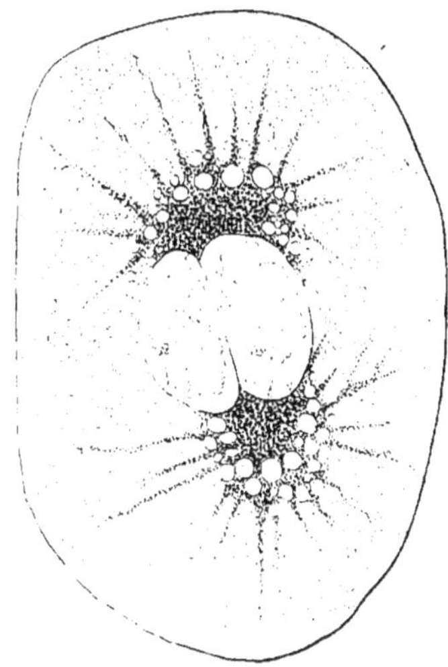

Fig. 46.

Fécondation de l'œuf de Cyclops strennus d'après Räckert. — Les noyaux mâles et femelles sont accolés; de part et d'autre sont deux asters.

prouve un caryotropisme négatif, qui est la conclusion de la séparation des noyaux filles dans la mitose.

Cytotactisme parasitaire. — On peut considérer comme un cytotactisme, du reste très complexe, l'attraction exercée sur les parasites intracellulaires par telle ou telle cellule de l'organisme-hôte.

Voici, par exemple, un sporozoïte de Coccidie qui pénètre dans un tube digestif : s'il se trouve dans le tube digestif de l'hôte qu'il doit habiter, il pénètre dans une cellule épithéliale, s'y place entre le noyau et la cuticule et y subit son accroissement.

Étant donné que le sporozoïte ne pénètre jamais dans un autre organe, ni dans un animal d'une autre espèce, on peut penser qu'il y a attraction entre le sporozoïte et la cellule-hôte.

Mais cette attraction est sûrement très complexe, et bien que nous ayons essayé (1) d'en préciser les causes on est obligé de se contenter d'une formule vague et de penser à un *complexe de forces cytotropiques et chimiotropiques* qui pousse le parasite à entrer dans la cellule, et qui le repousse lorsque ce complexe est négatif.

L'attraction pour l'hémoglobine semble être très forte pour les Hémosporidies aussi bien que pour les sporozoïtes des Coccidies.

Ce complexe cytotropique et chimiotropique semble du reste bien localisé entre tel parasite et telle sorte de cellule de tel hôte : le résultat est une spécialisation parasitaire qui n'existe sûrement pas phylogénétiquement, mais que pour le moment nous ne pouvons modifier. C'est seulement en modifiant l'hôte qu'on pourra du reste modifier le parasite.

Pour les autres parasites, Bactéries, Protozoaires, etc., le parasitisme semble guidé par des tactismes divers, et non des cytotactismes.

Cytotactisme phagocytaire. — Les faits nombreux et complexes que Metchnikoff a baptisés du nom de *phagocytose* se laissent réduire à des phénomènes de cytotactisme, où le chimiotactisme joue peut-être un grand rôle. Nous ne pouvons que noter l'influence très grande de la lutte entre les phagocytes et les parasites microbiens ou autres, en faisant cependant remarquer que les dernières recherches semblent diminuer l'importance du cytotactisme dans ces cas pour augmenter l'influence du chimiotactisme et des toxines.

BIOTACTISMES

Sous le nom de *biotactisme*, Delage a désigné l'ensemble des tactismes dus à des causes diverses qui remplissent l'ontogénèse.

Il n'y a pas seulement dans l'ontogénèse des cytotac-

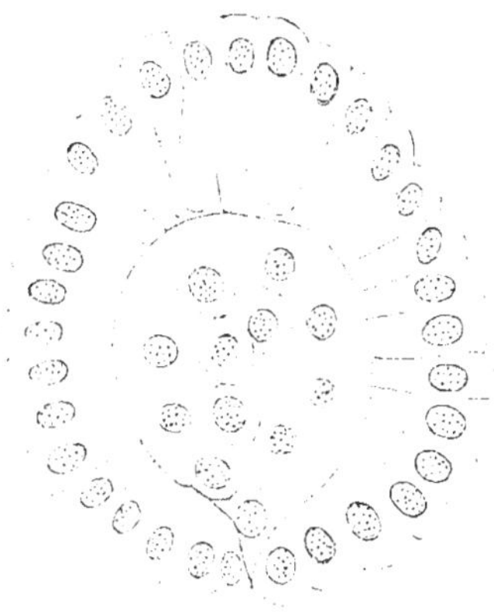

Fig. 47.

Migration des cellules mésenchymateuses dans la blastula d'Ophiothrix fragilis (d'après Ziegler).

tismes, des adelphotactismes, etc., mais aussi tous les tactismes que nous avons étudiés au chapitre II.

Ce sont ces tactismes qui déterminent la plupart des processus ontogénétiques : migration des cellules mésenchymateuses dans la cavité blastulienne de beaucoup de larves (Némertiens, Oursins, Holothuries, etc.); migration des cellules formatrices du squelette des bras du pluteus de l'Oursin (fig. 47); migration des bourgeons stoloniens de Doliolum; migration des cellules ectodermiques des larves des Éponges siliceuses, etc., etc.

Les causes de ces migrations doivent être cherchées dans les tactismes (aérotactisme, hydrotactisme, chimiotactisme, stéréotactisme, etc., etc.), et de même qu'il y a des adaptations combinées, de même il y a des tactismes combinés, dont nous saisissons les effets, sans pouvoir analyser les causes.

CHAPITRE VII

Les causes de la différenciation cellulaire.

PRÉFORMATION ET ÉPIGÉNÈSE

La cellule est un corps protoplasmique structuré, ayant des relations constantes avec son noyau, réagissant de certaine façon aux agents extérieurs, capable d'exécuter des mouvements spéciaux par rapport à ces agents ou par rapport à d'autres cellules.

Une cellule quelconque, en se divisant dans l'organisme, reproduit une autre cellule semblable à elle, et les cellules nées de cette façon peuvent en se groupant former des organes ou des tissus.

L'œuf est une cellule qui, après fécondation, est le point de départ de l'organisme lui-même.

Dans ces conditions, l'organisme est-il préformé dans l'œuf, l'organe dans la cellule organogène ?

Faut-il chercher uniquement dans l'orientation des particules plasmatiques, la cause des différenciations ultérieures, le pourquoi de la différenciation cellulaire ?

Ou bien l'œuf est-il une cellule quelconque de l'organisme, et son développement est-il simplement dû aux influences extérieures réagissant sur son protoplasme, comme elles ont réagi sur le protoplasme de l'ancêtre ?

Ce sont là deux courants d'idées qui depuis long-temps se partagent la Biologie. C'est la lutte de la Préformation et de l'Épigénèse, la base même du problème de l'Hérédité.

Nous ne pouvons guère entrer dans le détail des diverses théories. On les trouvera longuement exposées et discutées dans le beau livre de Delage et résumées dans les *Leçons sur la Cellule* de Henneguy.

La théorie de la Préformation est la plus ancienne. On la trouve déjà incluse dans les écrits de Swammerdam, Haller, Bonnet, Spallanzani. Cette idée que tout organe existe préformé dans l'œuf, que rien de nouveau ne se forme, conduit fatalement à la conclusion que l'œuf doit renfermer toutes les tendances de ses ascendants ; c'est la théorie de l'emboîtement des germes qui régna longtemps.

Elle conduit à l'idée des plasmas ancestraux de Weissmann, à l'idée de la spécificité cellulaire de Bard, de Hansemann, etc. Hansemann admet dans chaque cellule la localisation de Hauptplasmen et de Nebenplasmen se différenciant par la mitose cellules hyper- et hypo-chromatiques. Weissmann admet la présence dans l'œuf des plasmas paternels et maternels, non seulement des parents, mais de toutes les générations antérieures, formant un emboîtement extrêmement complexe d'ides, d'idantes, de bioblastes, de déterminants, particules indivisibles qui ne se fusionnent nullement et forment une extraordinaire mosaïque.

Mosaïque aussi Mosaïkarbeit la cellule germinale de Roux, car dans l'œuf sont situées au moins quatre régions correspondant aux quatre premiers blasto-mères et évoluant diversement. Mais Roux admet en plus l'influence très grande des facteurs extérieurs autant que l'excitation fonctionnelle et la distribution des matières vitellines. Roux admet la préformation en même temps que l'épigénèse.

Naegeli, de Vries, O. Hertwig font un pas de plus, et sont franchement épigénistes. Leurs « idioblastes », leurs « micelles », petites particules élémentaires, peuvent avoir des groupements variés, peuvent se multiplier par division, peuvent entrer en activité suivant telle ou telle structure idioplasmique, telle excitation extérieure ou telle place dans l'organisme, et causent la spécificité. Mais ce sont là des « caractères latents » qui ne se font jour que plus tard, et toute cellule renferme toutes les tendances héréditaires que contient l'œuf.

Au lieu d' « idioblastes » ou de « micelles » solides, Sachs admet l'existence de substances spécifiques qui donnent aux organes leurs formes particulières.

Strasbürger et Hertwig pensent que c'est le noyau qui est porteur des tendances (Anlagen) héréditaires. Pour d'autres, c'est le protoplasme.

Une dernière tendance est celle des partisans des *causes actuelles* qui proscrivent la préformation en même temps que les caractères latents : pour Driesch, il y a indifférence originelle absolue. Les conditions extérieures sont seules maîtresses, en particulier le chimisme et l'osmose ; la différenciation est fonction du lieu. Pour Herbst, c'est le chimiotactisme qui est l'agent actif de la différenciation ; pour Wilson et d'autres, il y a indifférence primitive absolue, puis la spécificité s'établit au cours de l'ontogénèse. Récemment, Delage, sous le nom de Théorie des causes actuelles, a invoqué comme causes de la différenciation l'influence des ingesta et les egesta dans le travail osmotique de l'assimilation et les modifications cytoplasmiques qui en proviennent ; il ne peut y avoir de caractères latents, et l'œuf est une cellule ordinaire. La nutrition et les facteurs extérieurs sont les grands agents de la différenciation, qui est cytoplasmique et non nucléaire.

INDIFFÉRENCE CELLULAIRE ORIGINELLE

Tandis que Weissmann, Roux et d'autres admettent une préformation ou une répartition qualitative des matériaux ontogéniques dans l'œuf, le plus grand nombre des biologistes et des embryologistes semblent d'accord pour admettre l'indifférence originelle de l'œuf et des premiers blastomères.

Un blastomère isolé au stade 2, au stade 4, au stade 16, peut produire un embryon normal, et non une moitié, un quart, un seizième d'embryon. L'œuf est isotrope et tous les blastomères ont une même capacité évolutive, sont équivalents.

Quant au moment de la différenciation, il varie avec les animaux. Chez l'Oursin, il n'existe qu'au stade 32 Driesch, O. Hertwig) : chez la plupart des animaux, il ne commence qu'à la gastrula. Puis la différenciation se fait graduellement.

J'ai indiqué dans un article récent [1] que la différenciation portait surtout sur les noyaux, et que sous diverses actions que nous étudierons plus loin, les noyaux, d'abord *homodynames*, pouvaient se transformer en noyaux *biodynames*, c'est-à-dire en noyaux spécialisés pour une fonction : la différenciation d'un certain territoire cytoplasmique autour de chaque noyau biodyname, suit celle du noyau.

A partir de ce moment, la différenciation est graduelle et se fait par des spécialisations successives. Une cellule

---

[1] *Revue Scientifique*, 1896.

ectodermique peut devenir cellule mésenchymateuse,
celle-ci cellule péritonéale ou cellule musculaire ;
la cellule péritonéale peut se transformer alors en œuf
ou en amœbocyte (Annélides), la cellule musculaire en
fibre lisse ou striée, etc.

Il y a donc des gradations successives de différenciation, dont le point de départ est une cellule plus ou
moins indifférente. Chaque degré de différenciation est
caractérisé par ce que Driesch appelle des *organes
élémentaires*. De même que tous les blastomères sont
équivalents, de même toutes les cellules d'un organe
élémentaire sont équivalentes, car elles ont une puissance évolutive équivalente.

Mais cette puissance évolutive est limitée, et d'autant
plus que l'on avance davantage dans l'ontogénèse (1).
Plus les organes élémentaires se différencient, plus les
alternatives sont restreintes entre les directions de
différenciation que peuvent suivre leurs cellules.

Il semble donc bien que dans la formation de l'organisme, comme dans la formation des organes, il y a
indifférence cellulaire originelle.

Dans certains cas, il peut se produire un retour à
cette indifférence originelle.

Patzelt, Majevsky ont vu des cellules mucipares
revenir à leur forme primitive de cellules épithéliales
indifférentes ; ils auraient observé des formes de passage
chez des animaux pilocarpinisés.

---

(1) Il semble y avoir égalité entre les cellules ectodermiques et endodermiques. En effet Driesch a pu obtenir des gastrula normales et même des
plutei avec des embryons d'Oursin et d'Astérie, où l'on avait enlevé soit
les cellules ectodermiques, soit les cellules endodermiques. Dans ce cas,
la production des sacs vaso-péritonéaux se fait par d'autres cellules que
celles qui leur donnent d'ordinaire naissance. La blastula de l'Oscarella
lobularis peut invaginer ses cellules ectodermiques ou ses cellules endodermiques. Du reste l'embryologie des Eponges montre nombre de faits semblables
(V. Delage). Tout ceci semble aller à l'encontre de la théorie des feuillets.

Viering, Grawitz, Schmitz ont vu des cellules embryonnaires se transformer en fibrilles conjonctives avec condensation du protoplasma et disparition du noyau ; dans certaines inflammations, ces fibrilles se *réveillent* de leur vie latente, s'épaississent, se raccourcissent, montrent de nouveau un noyau où la chromatine réapparaît peu à peu, redeviennent cellules embryonnaires et peuvent se multiplier.

Pour Grawitz ce serait un *état de sommeil cellulaire*.

Dans le tissu embryonnaire du tissu adipeux se passeraient des phénomènes analogues (Schmitz). Il est certain que dans la régénération se passent des faits de ce genre, dans lesquels il faut admettre un retour de certaines cellules à l'indifférence primitive.

Ces idées trouvent leur application dans la régénération. S'il faut admettre pour la régénération un complexe de tropismes produits par les excitants, il faut aussi admettre, ce que l'observation vérifie, un retour des cellules à une certaine indifférence embryonnaire, ce qui leur permet de se différencier à nouveau dans une autre direction. On expliquerait de cette façon non seulement les régénérations pures et simples, mais aussi celles où l'organe semble retourner à une forme embryonnaire ou atavique [1].

C'est surtout là l'explication des hétéromorphoses [2]), non seulement de ce que j'ai appelé *hétéromorphoses d'origine* c'est-à-dire les cas où l'organe régénéré est semblable à l'organe disparu, mais se trouve formé par un matériel embryonnaire différent , mais aussi les *hétéromorphoses de résultat*.

---

[1] Par exemple, la queue des lézards, qui, régénérée, n'est plus qu'un cylindre cartilagineux non segmenté.

[2] LABBÉ, L'Hétéromorphose en zoologie. *Revue gén. des Sciences*, 1897, p. 589.

Si on coupe un fragment de tige (ou hydrocaule)
d'Hydraire, de Tubularia, par exemple, il peut se produire dans certaines conditions une tête, c'est-à-dire
un hydranthe avec bouche et groupe de tentacules, à
chaque extrémité. Loeb surtout, Cerfontaine, Van Duyne,
Herbst, etc., ont décrit de nombreux exemples de ce
genre. On peut expliquer ces néo-formations, non par
un bourgeonnement, mais par une différenciation complexe aux dépens des cellules de la section : celles-ci,
déjà différenciées, retournent à un certain état instable
d'indifférence qui leur permet, si certaines influences
biomécaniques (stéréotropisme, géotropisme, nécessité
du métabolisme, optimum de concentration saline, etc.',
sont mises en jeu, de régénérer un hydranthe au lieu
d'une hydrorhize (1).

En résumé, dans la formation de l'organisme, comme
dans la formation de l'organe, il semble y avoir indifférence originelle primitive de l'œuf comme des cellules
organogènes.

LA DIFFÉRENCIATION CELLULAIRE

Bien que nous ne puissions insister sur la différenciation cellulaire en elle-même, ce qui est du ressort de
la cytologie pure, nous devons cependant dire quelques
mots de la façon dont une cellule indifférente peut
se spécialiser.

Différenciation générale des cellules. — « Les diverses catégories de cellules qui entrent dans la cons-

---

(1) V. à ce sujet l'article cité plus haut, *Rev. gen. des Sciences.* 3o juil-
let 1897.

titution d'une paroi épidermique et de ses dérivés (cellules nerveuses, glandulaires, ciliées) ne sont que des modifications d'une seule et même catégorie d'éléments, la cellule épidermique embryonnaire, dont les cellules de soutien de l'adulte sont les représentants à peine modifiés (1). » (Racovitza.)

Les modifications de la cellule épidermique embryonnaire sont la formation de cils vibratiles (cellules ciliées), ou la transformation de la partie antérieure, cuticulaire, prénucléaire en partie excrétrice (cellules glandulaires) ou l'étirement en cellule nerveuse.

La cellule nerveuse, le neurone, n'est aussi qu'une différenciation d'une cellule ectodermique. La différenciation porte surtout sur le noyau, dont la quantité de chromatine diminue corrélativement et s'effrite, et sur le protoplasme qui prend une structure fibrillaire orientée autour du noyau et chargée ou non de grains chromophiles. Les prolongements du neurone, cylindraxe d'un côté, dendrites de l'autre, restent en connexion avec la cuticule d'un côté, avec la basale de l'autre, chez beaucoup d'Invertébrés (Racovitza), tandis que dans d'autres groupes la différenciation est indirecte et se fait d'une tout autre façon (v. p. 153).

Les cellules conjonctives, fibres conjonctives, élastiques, proviennent également d'éléments primitifs uniques ou multiples, qui se différencient sur place et gardent longtemps des connexions syncytiales.

D'après les derniers travaux, il semble certain que les fibres musculaires striées ne sont qu'un degré d'évolution des fibres musculaires lisses, et il semble que toutes deux dérivent d'une cellule ordinaire à structure

(1) Racovitza (E.-G.). Le lobe céphalique et l'encéphale des Annélides polychètes. Thèse. Paris. 1896.

fibrillaire (1). D'après Van Gehuchten, Ch. Janet, etc..
les muscles striés des arthropodes sont formés d'un
reticulum de fibrilles très régulier dans un enchylema
chargé de myosine ; cette régularité des fibrilles consiste
en ce que ces fibrilles, toutes parallèles, forment des
épaississements de distance en distance, et à la même
hauteur ; ces épaississements occasionnent ces intervalles clairs ou obscurs que l'on voit dans la fibre
étudiée sans réactifs. La fibre lisse ne diffère de la
fibre striée que par l'absence de ces épaississements.

La fibre musculaire dérive donc d'une cellule ordinaire à reticulum régularisé avec des épaississements
(fibre striée) ou non (fibre lisse), et situées dans un
enchylema chargé de myosine.

Chez les Arthropodes, la fibre musculaire dérive
nettement d'une seule cellule mésodermique différenciée ; dans d'autres groupes, il semble, d'après les
recherches de Marchesini et Ferrari (2), qu'ils résultent
de la fusion de sarcoblastes, c'est-à-dire de plusieurs
cellules. En tout cas, l'élément contractile n'est qu'un
stade de différenciation d'un même élément primitif où
la contractilité est devenue fonction dominante.

Différenciation des cellules germinales. — « L'œuf, a
dit Milne-Edwards, dès les premiers moments de son
existence, c'est-à-dire lorsqu'il ne consiste encore qu'en
une simple vésicule germinative, doit être considéré
comme un nouvel animal (3). » Sedgwick arrive à la
même conclusion : le Métazoaire dioïque est une espèce

---

(1) En tout cas la fibre musculaire libre et la fibre striée ne sont que
deux stades de différenciation d'un même élément où la contractilité est
devenue « Hauptfunktion ».

(2) *Anat. Anz.*, XI, p. 138-152, 1895.

(3) *Leçons de Phys. et d'Anat. comp.*, VIII, p. 368.

à quatre formes : mâle, femelle, œuf, spermatozoïde. Weissman distingue dès le début les cellules germinales des cellules somatiques.

Mais au point de vue de l'origine, l'œuf est une simple cellule qui ne se distingue des autres que par sa constitution. Au début, l'œuf est une simple cellule épithéliale. Chez les Vers, les Vermidiens, les Échinodermes, etc., à certaines époques, généralement au printemps, se différencient des cellules ou groupes de cellules péritonéales qui se transforment en œufs ou en spermatides. Chez les Polychètes, ces cellules peuvent donner des œufs ou des amœbocytes; de telle sorte qu'on a pu dire que chez ces animaux l'œuf est l'homologue d'un globule sanguin; cela prouve bien l'indifférence cellulaire originelle. Chez la plupart des animaux, il se différencie, côte à côte, des ovules primitifs, ou des ovogonies qui donneront ces ovules par division, et des cellules vitellines chargées de nourrir les quelques œufs qui suivront leur développement. Rien, au début, ne distingue les œufs des cellules vitellines ou des cellules qui formeront le follicule de l'œuf.

Chez certains Hydraires, en particulier chez Myriothela phrygia et Tubularia, l'œuf provient de la fusion du plasma d'un très grand nombre de cellules vitellines dont les noyaux, sauf un, dégénèrent. L'œuf ici est un plasmodium.

Les spermatozoïdes dérivent, eux, des divisions successives d'une lignée mâle spermatogonies, spermatocytes, spermatides) dont la dernière se transforme en spermatozoïde.

Chez les Éponges, c'est une simple cellule amœboïde errante qui peut former l'œuf ou le spermatocyte : chez les Dicyémides, c'est une cellule née par voie endogène dans la cellule endodermique.

De quelque façon que naisse l'œuf, le premier point de la différenciation est toujours un changement dans la structure du noyau qui devient noyau *gamodyname*. Ce noyau grossit (fig. 48), la quantité de chromatine diminue corrélativement. Puis la cellule grandit en se chargeant de matériaux nutritifs. Mais la différenciation du noyau précède celle du cytoplasme. On peut voir, dans les figures ci-contre, que chez le Cyclops en

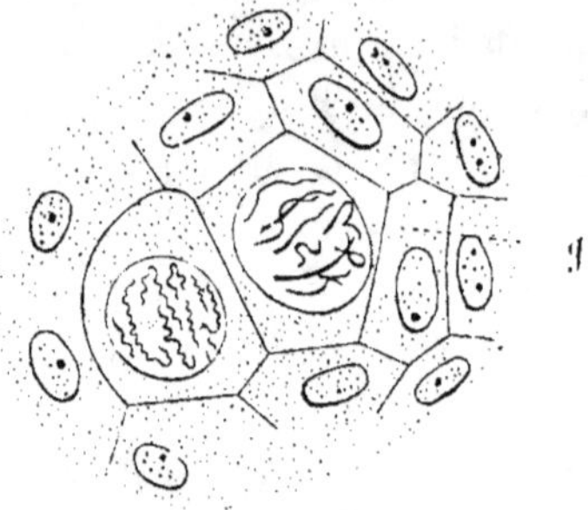

Fig. 48.

Cellules germinales primordiales de Cyclops. — En g, deux cellules germinales (d'après Haecker).

particulier, les noyaux cellulaires sont déjà différenciés dans l'épithélium germinatif.

La différenciation du spermatozoïde est trop connue pour que nous y insistions.

En résumé, l'œuf est une cellule ordinaire, soit provenant de la différenciation d'une cellule d'un épithélium, soit provenant d'une lignée cellulaire, soit provenant (cas rare) d'une fusion cellulaire.

Ryder [1] le premier, dans la glande hermaphrodite de l'Huître, et après lui Auerbach [2], chez les Vertébrés,

[1] *Bull. U. S. Fish. Comm.*, 1883.

[2] *Sitzungsber. Preuss. Akad. Wiss. Berlin.* XXXV. 1891.

avaient constaté une différence de coloration entre le noyau des spermatozoïdes et celui des œufs. Les noyaux des œufs seraient *erythrophiles*, auraient une affinité très grande pour les colorants rouge, orange (fuchsine, éosine, aurantia, carmin), les noyaux des spermatozoïdes seraient *cyanophiles*, colorables en bleu-vert par l'hématoxyline, le bleu d'aniline, le vert de méthyle.

D'autres auteurs ont constaté le même fait, mais il semble, d'après Field et Hermann, que les noyaux mâles et femelles prennent indifféremment telle ou telle couleur. Les spermatozoïdes mûrs peuvent être rouges avec nucléole bleu, et la différence de coloration ne s'observe qu'avec l'âge, ce qui indique du reste une différence de composition chimique intéressante dans les noyaux des cellules germinales (1).

En résumé, les cellules germinales sont de simples cellules ordinaires qui ont acquis des caractères spéciaux par l'accumulation de matière vitelline, ou les caractères spéciaux de leurs noyaux.

Une des meilleures preuves est que certaines cellules, Coccidies polysporées, kystes de Grégarines très chargées en matières nutritives, peuvent affecter la structure et l'évolution de cellules-œufs, et même présenter des modes de division tout semblables. J'ai insisté sur ce fait (2) que l'homologie des phénomènes qui se passent dans la cellule coccidienne avec ceux qui se passent dans l'œuf devait être rapportée à une homologie de causes biomécaniques.

Différenciations intracellulaires. — Les différenciations qui peuvent se présenter dans une cellule peu-

---

(1) STRASBURGER et RACIBORSKY ont constaté chez les plantes des faits similaires. (V. RACIBORSKY, in *Anz. Akad. Wiss. Krakau*, 1893.)

(2) LABBÉ, Coccidies (*loc. cit.*), p. 619.

vent être très variées. Dans nombre de cellules, il y a
une polarité physiologique qui retentit sur la structure.
Dans beaucoup de glandes, les cellules sont divisées
en deux parties, l'une du côté de la cuticule, active,
sécrétante, dont la structure peut être des plus variées
(alvéoles, bâtonnets, travées perpendiculaires à la surface, etc.), et une partie distale, du côté de la basale,
formée de cytoplasme peu ou point différencié; le noyau
est placé sur la limite de ces deux zones; on voit très
nettement cette structure dans les cellules de l'épithélium rénal des Vertébrés (Heidenhain), dans les cellules
glandulaires de l'intestin larvaire des Ptychoptera (Van
Gehuchten). Chez d'autres glandes, surtout chez les
glandes unicellulaires des Arthropodes, la cellule est
divisée en une partie sécrétante vacuolaire renfermant
le noyau, et une partie en quelque sorte conductrice
avec un canal creusé dans le protoplasma et s'abouchant
au dehors; ce canal présente même souvent des canalicules ramifiés qui sont peut-être en continuité avec
les trabécules protoplasmiques (glandes des Edrioph-
talmes, Manille Ide, Nebesky, etc.).

Les néphridies des Turbellariés, Oligochètes et des
Hirudinées présentent de semblables canaux intraprotoplasmiques; chaque cellule est percée d'un canal autour
duquel se fait une limitation fibrillaire perpendiculaire
aux parois. Ici nous trouvons des différenciations nombreuses. Dans certains canaux de Turbellariés ou d'Hirudinées se montrent des bouquets de cils formant des
flammes vibratiles qui alors sont de véritables organes
intracellulaires (fig. 49). En face se trouve toujours un
noyau, qui a sans doute une action directe sur le mouvement ciliaire (Bourne, Oka, Bolsius, Moore, etc.).

Lang et d'autres auteurs ont vu des différenciations
analogues dans les terminaisons de l'appareil aquifère

des Plathelminthes (Gunda). C'est toujours des canaux
entortillés, creusés dans un syncytium avec noyaux
épars, ou des files de cellules excrétrices perforées
(fig. 49). Il y a toujours autour du canal une différenciation fibrillaire, et de temps à autre des flammes vibra-

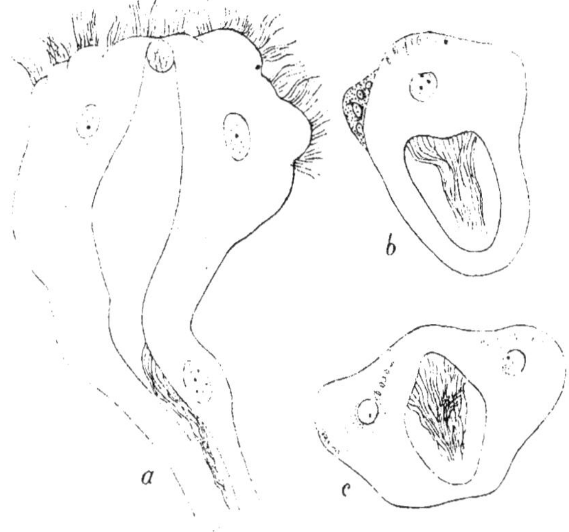

Fig. 49.

Néphridie de Bdellodrilus illumintaus (d'après Moore). — *a*, coupe
optique de l'entonnoir vibratile (Nephrostome); *b*, *c*, coupes transver-
sales du canal de *B. philadelphicus* montrant les flammes vibratiles.

tiles. La cellule géante terminale du rein larvaire des
Mollusques présente une structure analogue (Erlanger).
Les glandes des Insectes et des Arthropodes peuvent
présenter des différenciations multiples. Tantôt ce sont
des cellules uniques avec un canal évacuateur, tantôt
un syncytium entourant un canal bordé de nombreux
noyaux groupés circulairement autour de lui; tantôt le
long d'un canal central débouchent de part et d'autre
de nombreuses cellules glandulaires dont chacune a
son canal propre.

Certaines de ces cellules glandulaires peuvent présenter une structure complexe : les cellules de la glande odorifère de Blaps mortisaga (Gilson) sont de celles-là. C'est une grande cellule formée d'une vésicule radiée, d'une ampoule centrale, d'un tube excréteur et d'une

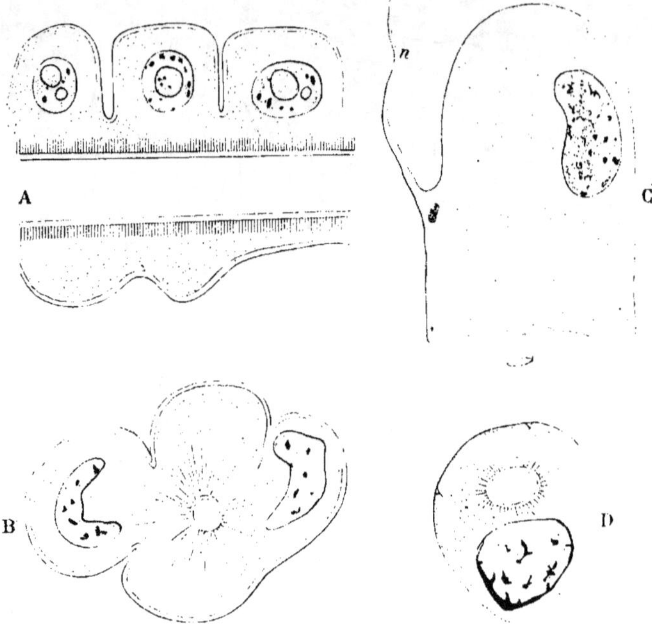

Fig. 50.

A, coupe longitudinale d'une glande de Limnophilus extricatus : B, coupe transversale de la même montrant le canal intraprotoplasmique : C, extrémité d'une glande de Phrygane : *n*, nerf : D, coupe transversale de la même montrant le canal intraprotoplasmique (d'après M. Henseval).

gaine radiée autour du tube. La vésicule radiée, vue en coupe, est formée de points distincts où aboutissent les trabécules protoplasmiques : c'est donc une membrane intracytoplasmique, et les radiations du cytoplasme ont pour centre cette vésicule et non le noyau.

Différenciation des Protozoaires. — De nombreux auteurs, Balbiani, Saville Kent, Künstler, Whitman, etc., ont montré les prodigieuses différenciations cytoplasmiques qui peuvent se produire chez les Protozoaires. Dans un article récent j'ai essayé de montrer quelle était la nature de cette différenciation [1].

Différenciation d'un reticulum endoplasmatique très voisin du reticulum somatique des Turbellariés acoeles. Différenciation non seulement d'un pharynx, mais même d'un véritable tube digestif, avec espace central différencié (sorte d'estomac) chez les Ophryoscolex parasites de la panse des Ruminants (Eberlein, Schuberg). Différenciation d'une couche nerveuse (myonèmes des Ciliés) qui ressemble fort au tissu nerveux sous-épidermique des Cœlentérés et des Échinodermes. Différenciation d'organes de tact et de mouvement (cirrhes, cils, membranelles), ou de défense (trichocystes ?) ou de nématocystes (capsules polaires des spores des Myxosporidies ; organes qui ont leur apparenté avec les cirrhes, les cils, les membranelles des cellules ciliées (cellules de Cyclas, Gruber), avec les « bâtonnets » et trichocystes des Turbellariés, avec les nématocystes des Hydraires.

Différenciation d'organes des sens (taches pigmentaires des zoospores, des Euglènes et de divers Flagellés) qui offrent un degré d'organisation si élevé chez cet Erythropsis, où l'œil est un organe complexe, avec cristallin enchâssé de pigment et entouré d'une enveloppe protectrice.

Différenciation d'un système musculaire (fibrilles

---

[1] LABBÉ. Différenciation des organismes. *Revue Scientifique*. 19 décembre 1896. n° 25.

musculaires des Grégarines, fibrilles musculaires de certains Acinétiens (Ephelota).

Différenciation d'un système excréteur, avec vacuole pulsatile et canaux en réseaux dans l'endoplasme, fort voisin du système aquifère des Turbellariés.

Différenciation même d'un organe génital : le micronucleus des Infusoires ciliés, qui est vraiment le Geschlechtskern, le noyau sexuel (v. chap. III).

Différenciation de produits de sécrétion interne (capsule des Radiolaires) ou externes (thèques des Cothurnia, Proteriodendron), etc., qui au lieu d'être des produits de sécrétion de plusieurs cellules épithéliales, comme les hydrothèques des Hydraires ou les loges des Bryozoaires, sont une sécrétion d'un même cytoplasme indivis.

LOCALISATION DANS LE TEMPS ET L'ESPACE

Une première remarque est que la différenciation est une *localisation*.

Dans une surface épithéliale non différenciée, il peut se produire, suivant des cytotropismes spéciaux, des plissements ou des invaginations qui détruisent son uniformité superficielle. C'est à ce moment que se produisent les différenciations ; il se produira des *aires* de différenciations, telles que tel groupement de cellules se transformera en cellules nerveuses, ou ciliées, ou sensitives, tel autre en cellules glandulaires (surtout au fond des cryptes). De là, la présence *d'aires glandulaires*, ou *nerveuses*, ou *ciliées*, etc., dans lesquelles quelques cellules non transformées font office de cellules de soutien. C'est ce qui arrive dans la peau de nombre d'Invertébrés, et c'est ce que Racovitza (1) a bien étudié récemment.

Dans l'épithélium des organes, la même spécialisation se fait : c'est à la base des villosités intestinales de Mammifères, aux dépens de cellules indifférentes, que naissent les cellules mucipares ; le foyer de production est au fond des culs-de-sac, et graduellement les cellules se transforment en cellules glandulaires jusqu'à la surface de la muqueuse (Bizzozero, Sacerdotti). C'est ainsi que, par places, se forment dans les épithéliums des aires de différenciation.

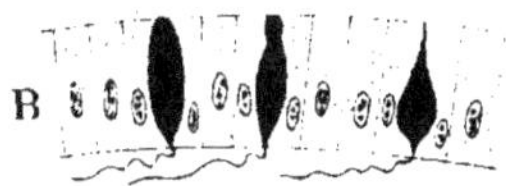

Fig. 51.

Différenciation des cellules nerveuses dans la peau du Lombric (d'après Lenhossek).

Les choses ne se passent pas toujours ainsi. La cellule nerveuse ou sensitive se forme souvent par différenciation directe d'une cellule ectodermique. Mais des études récentes, en particulier sur la différenciation des cellules ganglionnaires, ont montré que la différenciation est souvent indirecte, et se fait par des chemins plus ou moins détournés. Ainsi, chez les Insectes, Wheeler a constaté que dans la formation du système nerveux ganglionnaire, ce n'est pas la première rangée de noyaux du syncytium superficiel qui se transformera en noyaux ganglionnaires, mais seulement la deuxième ou troisième. Ces noyaux se différencient, forment directement quatre ou cinq

____

(1) *Loc. cit.*

paires de cellules, qui par une suite de divisions
successives donnent des cellules ganglionnaires. Les
noyaux ectodermiques se divisent donc en profondeur pour donner les noyaux des neuroblastes, qui
donneront à leur tour les noyaux des cellules ganglionnaires. C'est ce qu'indiquent les figures ci-contre
(fig. 52).

Dans le développement de la moelle des Vertébrés,
Shaper a constaté de même que la différenciation n'est

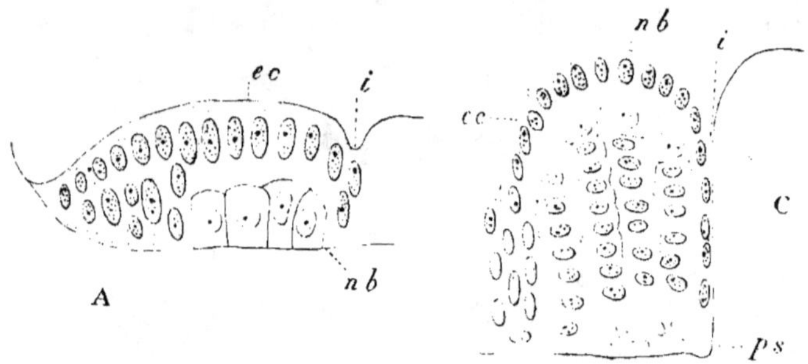

Fig. 52.

Différenciation des cellules nerveuses (d'après Wheeler). — A, deux
stades du développement de la chaîne nerveuse de Xiphidium ensi-
ferum ; C, coupe transversale de la partie ventrale ; *ec*, ectoderme ;
nb, neuroblastes ; *i*, intervalle des deux parties de la chaîne ; *ps*, substance ponctuée.

qu'indirecte, et que c'est après plusieurs générations
de cellules indifférentes qu'il se forme des neuroblastes
et de ceux-ci des cellules ganglionnaires.

De ces exemples il résulte que la différenciation peut
se faire de deux façons : directement en surface par
aires cellulaires, indirectement en profondeur par *lignées
cellulaires*.

Toute l'organogénie est dominée par cette localisation,
et par cette idée des *aires* et des *lignées cellulaires*.
L'œuf, par exemple, peut provenir de la spécialisation

directe d'une cellule ou de la spécialisation d'une ovogonie, les ovogonies pouvant devenir soit des ovules, soit des cellules vitellines ou nourricières, soit des cellules folliculaires.

Le spermatozoïde provient généralement d'une lignée cellulaire dont la dernière cellule ou spermatide forme directement l'élément mâle.

Qu'il s'agisse d'aires ou de lignées cellulaires, il y a toujours localisation. C'est toujours à la même place anatomique, aux dépens des mêmes cellules, que se forme tel organe. Lorsqu'il s'agit des produits sexuels, la différenciation est fonction du temps aussi bien que du lieu; mais dans ce cas on peut toujours ramener la différenciation à la loi de Driesch : *La différenciation est fonction du lieu.*

Cette loi, vraie pour les Métazoaires, l'est aussi pour les Protozoaires, et on pourrait facilement montrer que chez les Infusoires ciliés la différenciation est aussi fonction du temps (micronucleus) et du lieu.

LA NOTION DE LA CELLULE

Nous avons défini, au début de ce volume, une cellule, une masse protoplasmique *limitée*, pourvue d'un noyau. Dans les tissus des Métazoaires, comme dans ceux des végétaux, la limitation de la cellule est faite par une *membrane cellulaire*.

Or, dans un grand nombre de cas, on observe que la masse protoplasmique s'accroît, que les noyaux se divisent, peuvent même être disposés comme s'il y avait des cellules, c'est-à-dire à intervalles réguliers, mais il n'y a pas de cloisons cellulaires : c'est un *syn-*

cytium (fig. 53) (1). Dans les œufs centrolécithes, la plupart des œufs d'Arthropodes, le blastoderme forme un syncytium superficiel où les noyaux sont ordonnés comme si les cellules existaient. Chez les Arthropodes, où Rauber, Samassa, Patten, Heathcote, Korchelt et Heider, etc., ont bien étudié ces processus, il y a tous les passages entre le clivage méroblastique ou holoblas-

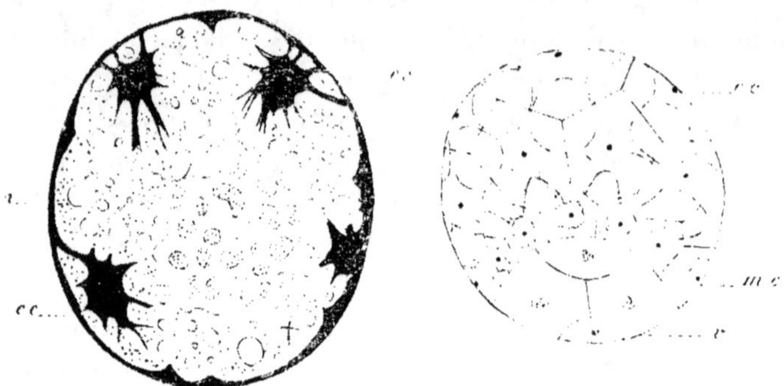

Fig. 53.

Deux sections de l'œuf de Jaera marina au stade 8 et au stade 32 (d'après Mac Murrich Playfayr). — *ec*, cellules ectodermiques anastomosées; *me*, cellules du mésendoderme; *v*, vitellus.

tique et le clivage centrolécithe. L'exemple de l'embryon de Peripatus, que Sedgwick a bien mis en lumière, montre un syncytium bien au delà du stade gastrula.

Dans tous ces cas, non seulement le blastoderme (2) et les feuillets, mais tous les organes, plissements, segrégations, invaginations, se forment sur place sans for-

---

(1) Il faut distinguer le *syncytium* du *plasmodium*. Le plasmodium est un syncytium formé par la fusion d'un certain nombre de cellules dont les cloisons se sont résorbées. Le plasmodium est donc un syncytium de formation secondaire.

(2) Le blastoderme, le parablaste de nombreux poissons, les sacs embryonnaires des phanérogames sont syncytiaux.

mation de cellules. Les noyaux biodynames, à l'origine indifférents, se différencient, polarisent ensuite le cytoplasme, et les cellules se forment parfois très tardivement, ou bien ne se forment pas.

En effet, les glandes de nombreux Insectes (glandes à essence de Cossus ligniperda, glandes de Phrygane, de Limnophilus, etc.), les glandes de beaucoup de Crus-

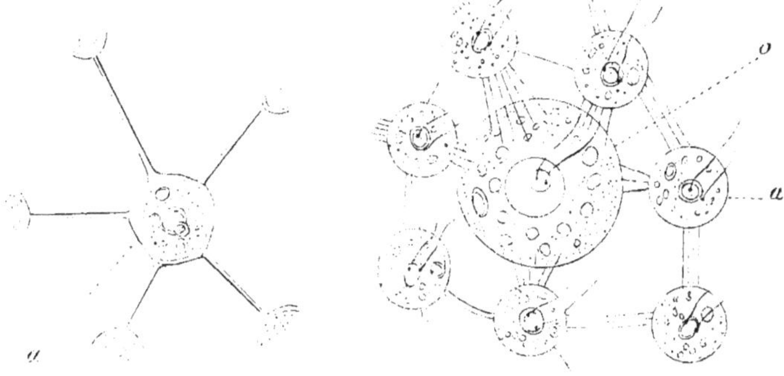

Fig. 54.

*Communications protoplasmiques chez Volvox aureus (d'après Meyer).
a, cellule ordinaire; o, œuf.*

tacés sont syncytiales (Nebesky, Claus, Manille Ide, etc.). Dans ce cas les canaux sont intraprotoplasmiques. Parfois la basale s'infléchit comme pour former une séparation entre les noyaux, mais les cloisons ne se forment pas.

Même lorsque les cloisons cellulaires se forment, il reste souvent des communications entre les protoplasmes de cellules voisines. De même que Hammar a signalé une connexion protoplasmique entre les blastomères de l'œuf, de même de nombreux auteurs ont signalé des communications entre nombre de tissus : cellules épithéliales (couche de Malpighi, Ranvier), cellules endothéliales de la cornée (Cornil et Xuel), cellules amniotiques du lapin et du chat (Sedgwick,

Minot), intestin et estomac des Vertébrés (Carlier,
cellules à nématocystes de Physalia (Goto), cellules de
la peau de la Salamandre (Schuberg), etc., névroglie,
cartilage, sclérotique (cartilage sclérotical du Gecko,
Chatin), cellules musculaires (Carnoy, Kultchisky),
cellules conjonctives, etc.

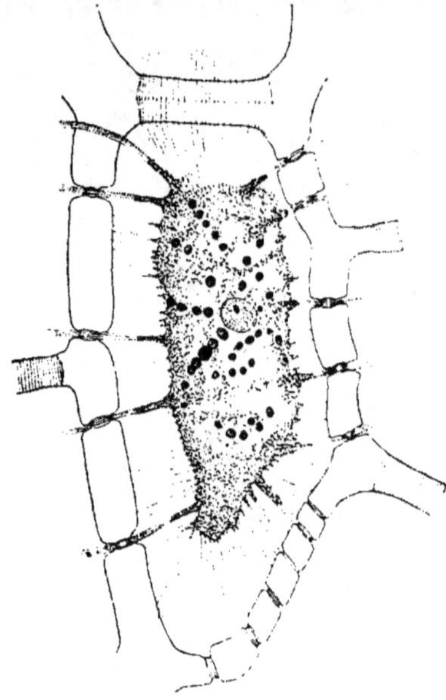

Fig. 55.

Marattia Brongniarti (d'après Poirault). — Cellule de l'écorce du
pétiole avec contenu cellulaire rétracté et canalicules traversant la
membrane, gross. 680.

Chez les plantes, elles sont encore beaucoup plus
fréquentes. Olivier, Kienitz Gerloff, Keller, Poirault
les ont étudiées, et on a pu dire que toutes les cellules
des plantes communiquent (1) (fig. 54).

____

(1) On en a même signalé entre les parasites végétaux intracellulaires
et le protoplasme de la plante-hôte. (Richards.)

Il faut certes se défier des communications secondaires : ce n'est que secondairement qu'il s'établit des connexions entre les cellules d'origine embryonnaire différentes. Les Néphridies des Oligochètes sont plutôt des plasmodiums que des syncytiums.

Mais il n'en reste pas moins acquis que nombre de communications *primitives* existent dans un organisme animal ou végétal. Faut-il chercher les causes de la non-

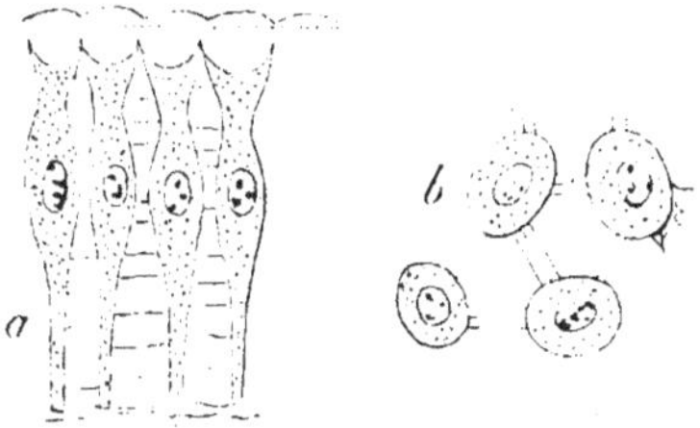

Fig. 56.

Communications protoplasmiques dans l'épithélium stomacal du chat (d'après E.-V. Carlier). — a, coupe de la muqueuse; b, muqueuse vue en surface.

division du protoplasme dans des effets biomécaniques ou dans un sommeil protoplasmique ?

Ce qui est certain, c'est que la division cellulaire ne suit pas nécessairement la division nucléaire. Le Métazoaire n'est pas une colonie de cellules, mais un individu dans lequel des cellules peuvent secondairement s'établir. Cette idée que Hofmeister a le premier émise, a été très nettement exprimée par de Bary : « Die Pflanze bildet Zellen, nicht die Zelle bildet Pflanzen. » Le clivage n'existe pas toujours, et quand il existe n'interrompt pas la continuité du protoplasma. Il y a une localisation des noyaux déterminée entièrement par des conditions extrinsèques et qui ne dépend nullement de la présence ou de l'absence des cloisons cellulaires. Quand Loeb et Norman mettent des œufs d'Oursin dans l'eau de mer concentrée, les noyaux se forment, mais non les cloisons cellulaires ; quand ils reportent ces œufs dans l'eau de mer normale, la division cellulaire se produit, et la segmentation est normale. Les noyaux se sont donc placés à l'endroit qu'ils auraient occupé s'il y avait eu des cloisons cellulaires. Nous ne pouvons que répéter ce que nous disions dans un article de 1896 : « Il y a une loi de différenciation universelle qui s'applique aussi bien aux organes qu'aux organismes, aux cellules qu'aux organes. Cette loi nous montre que le développement est une série de différenciations graduées sous des influences biomécaniques localisées ; que la fonction est indépendante du nombre des noyaux et du nombre des cellules d'un organe ; qu'il peut même n'être que partie de cellule ; que la pluricellularité n'est pas une cohésion de cellules indépendantes, mais une complication secondaire dépendant du cloisonnement ; que la division cellulaire et le cloisonnement sont la conséquence et non l'origine de la complication de l'organe ; en un mot, que la différenciation organogénique est indépendante de la notion de cellule. »

Cette idée, qui est celle de Whitmann, de Sedgwick, de Delage, commence à détrôner la vieille théorie cellulaire, la théorie coloniale.

BIOMÉCANIQUE DE LA DIFFÉRENCIATION

« Aucun moyen de casuistique, a dit Wilson, ne nous permet d'échapper à cette conclusion que chaque caractère de l'adulte est dans une certaine mesure inclus dans l'idioplasma ; » mais la spécialisation germinale

n'existe pas, l'œuf est une cellule quelconque spéciali-
sée par certaines conditions de métabolisme et de biomécanique, et il n'y a nulle prédestination.

Ce qui domine toute l'ontogénèse, c'est l'action des
agents d'excitation, ou plutôt l'action réciproque de ces
agents et du cytoplasme.

Sous l'action d'un excitant, le cytoplasme transmet
l'impression au noyau, qui à son tour polarise le cytoplasme. Mais pour que la réaction ait lieu, il faut que
les agents en présence aient des effets d'intensité différente, et que ces effets ne se compensent pas. Les
conditions extérieures ne réagissent que par différences
d'intensité. Tout réagit, les particules protoplasmiques
réagissent les unes sur les autres, le nucléoplasme sur
le cytoplasme, les cellules sur les cellules, et le milieu
extérieur sur les cellules. Le protoplasme n'est pas
seulement une substance chimique, mais une substance
structurée. Une excitation agit autant sur le métabolisme que l'irritabilité, et si la structure chimique et la
différenciation des albumines se produisent, il se produit aussi une orientation des parties structurées.

Chaque cellule a une certaine capacité de réaction
aux excitants (Prospective Potenz, comme dit Driesch),
et plus on avance dans l'ontogénèse, plus la cellule
perd cette capacité, moins elle est susceptible de réagir.
Ce qui n'empêche pas, dans certains cas d'inflammation ou de régénération (p. 140), certaines cellules de
pouvoir redevenir indifférentes, c'est-à-dire de pouvoir
de nouveau réagir aux excitants.

En concevant le noyau et le cytoplasme comme un
ensemble harmonique, au sens de Verworn, et l'étendue
de la sphère d'action du noyau sur le cytoplasme envi-
ronnant, comme une *énergide* au sens de Sachs, un *territoire cellulaire* au sens de Virchow, on peut définir la

différenciation comme une variation d'intensité dans les actions biomécaniques qui portent sur une énergide ou plusieurs énergides homologues. Dans une cellule, le cytoplasme se différenciera suivant l'*orientation* des actions biomécaniques agissantes. Voici une cellule épithéliale placée entre la basale et la cuticule ; il est évident que le côté *cuticule* se différenciera suivant la place occupée dans l'organisme et les agents biomécaniques qui pourront agir sur lui, tandis que le côté *basale* sera peu ou point différencié. Il en résultera également que s'il s'agit d'un organe syncytial, la différenciation se fera *comme* s'il y avait des cloisons cellulaires entre les noyaux, sans que l'absence de ces cloisons ait aucune influence sur la différenciation du cytoplasme. D'autre part, dans ce cas, les noyaux réagiront les uns sur les autres et s'orienteront comme s'il y avait des cloisons. On pourra donc voir, ce qui arrive souvent dans l'ontogénèse des Arthropodes, des épithéliums vrais ou des masses cellulaires à noyaux différenciés, dans lesquels n'existent pas de cloisons cellulaires. Il est certain que dans ce cas les noyaux obéissent à un caryotropisme négatif qui les oblige à rester dans une position d'équilibre à égale distance les uns des autres, et au centre de leurs zones d'action. Plus tard peuvent alors se produire des cloisonnements à la limite de ces zones d'énergides. L'exemple de la Salinella salve, trouvée par Frenzel dans les salines de Cordoba, a été bien mis en relief par Y. Delage : ce petit organisme présente à l'état monocellulaire les mêmes différenciations qu'à l'état pluricellulaire.

Si on prend le rôle du noyau au sens de régulateur du protoplasme, centre d'énergide, on peut dire avec Driesch que c'est le guide de l'ontogénèse.

Au début, comme nous l'avons montré dans un article

antérieur, tous les noyaux sont homodynames ; ultérieurement, ils deviennent biodynames ou gamodynames. Chez le Volvox, Meyer a montré qu'un des hémisphères est trophique, les noyaux sont biodynames, et les diverses cellules sont en communication par un seul filament protoplasmique ; dans l'autre hémisphère, les noyaux sont gamodynames, les cellules sont en relation par plusieurs connexions protoplasmiques, et peuvent donner lieu à des cellules germinales (œufs et parthénospores).

Les noyaux sont donc, au début, équivalents, et ne sont spécialisés que par suite d'une évolution ultérieure.

La différenciation s'accroît graduellement en complexité, à mesure que les actions biomécaniques agissent.

En résumé, la cellule différenciée est un simple fait d'organisation et non une unité anatomique. C'est un fait que Whitman, Sedgwick, Delage et nous-même avons déjà mis en évidence et qui modifie complètement la vieille théorie cellulaire de Schleiden et Schwann.

La différenciation n'est qu'un résultat de la localisation d'actions biomécaniques sur un système énergétique : le noyau entouré de cytoplasme actif ; et cette localisation dans le temps et l'espace est indépendante de la notion de cellule, c'est-à-dire d'énergide *limitée* et *indépendante* des autres énergides.

— Beiträge zur experimentelle Morphologie und Entwickelungs Geschichte (*Arch. Mikr. Anat.*, XLIV, p. 285-344, 1897).

— Zeit- und Streitfragen der Biologie (*Iena*. 1897).

HOFER (B.). — Experimentelle Untersuchungen über den Einfluss des Kerns auf das Protoplasma (*Iena Zeitschr.*. XXIV, 1889).

HOFMEISTER. — Die Lehre von der Pflanzenzelle (Leipzig, 1867.

JANSE. — Plasmolytische Versuche an Algen (*Bot. Centralb.*. XXXII. p. 21-26, 1887).

JENSEN. — Ueber der Geotropismus niederer Organismen (*Arch. f. d. Ges. Physiol.*. LIII. p. 428-480, 1893).

— Die absolute Kraft einer Flimmerzelle (*Arch. f. d. Ges. Physiol.*. LIV, p. 537-551, 1893).

— Ueber individuelle physiologische Unterschiede zwischen Zellen der gleichen Art (*Arch. f. d. Ges. Physiol.*. LVII. p. 172-200, 2 pl.. 1895).

JŒNSSON (B.). — Der richtende Einfluss strömenden Wasser auf wachsende Pflanzen und Pflanzentheile (Rheotropismus) (*Ber. d. Bot. Ges.*, I, p. 512-521, 1883).

KELLER. — Die Protoplasma verbindungen zwischen benachbarten Gewebselemente in der Pflanze (*Biolog. Centr.*. XI. p. 160-163. 1891).

KELLER. — Ueber den Farbenwechsel des Chameleons und einiger anderer Reptilien (*Arch. f. d. Ges. Physiol.*. LXI, 123-168, p. 1895.

KIENITZ GERLOFF. — Review and Bibliography of Researches on Protoplasmic Connection between adjacent Cells (*Bot. Zeit.*. XLIX. 1891).

KLEBS. — Ueber den Einfluss des Kerns in der Zelle (*Biol. Centralb.* VII, 1887.

KLEINENBERG (N.). — Sur le développement du système nerveux périphérique chez les Mollusques. Congrès internat., Rome (*Arch. Ital. Biol.*, XXII, p. 34, 1894.

KOROÏD. — On the early development of Limax (*Bull. Mus. Comp. Zool.*, XXVII, p. 35-118, 1895).

KOPSCH. — Ueber die Zellenbewegungen während des Gastrulationsprocesses an den Eiern vom Axolotl und vom braunen Grasfrosch (*S. B. Ges. naturf. Berlin*, p. 21-30, 1895).

KROMPECHER. — Die mehrfache indirekte Kerntheilung (Wiesbaden, 49 p., 9 pl., 1895).

KOSTANECKI (von). — Ueber Centralspindelkörperchen bei karyokinetischer Zelltheilung (*Anat. Hefte*. 1892).

KOWALEWSKA (Olga). — *Ann. de Microgr.*. v. VIII, p. 185-230, 1896.

KRAFT. — Zur Physiologie der Flimmerepithels bei Wirbelthieren (*Arch. f. d. Ges. Physiol.*, XLVII, p. 196-235, 1890.

KÜHNE (W.). — Untersuchungen über das Protoplasma und die Contractilität. 1864).

LABBÉ (A.). — Recherches zoologiques et biologiques sur les parasites endoglobulaires du sang des Vertébrés (*Arch. de Zool. exp. et gén.*, p. 56-258, t. I-X, 1894).

— Recherches zoologiques, cytologiques et biologiques sur les Coccidies (*Arch. de Zool. exp. et gén.*, p. 518-654, t. XII-XVIII, 1896).

— La différenciation des Organismes (*Revue Scientifique*, v. VI, n° 25, 1896).

— Hétéromorphose en zoologie (*Revue gén. des Sciences*, n° 14, p. 587-593, 1897).

LAU (H.). — Der parthenogenetische Furchung des Hühnereies *Inaug. Dissert. Dorpat*, 1895.

LE DANTEC F. — La matière vivante Paris, 1895).

— Sur l'adhérence des Amibes aux corps solides (*C. R. Ac. Sc.*, CXX, p. 210-213, 1895).

LEYDIG. — Intracellulläre und Intercellulläregänge (*Biol. Centralb.*, 1890).

LEWITH. — Ueber die Ursache der Widerstandsfähigkeit der Sporen gegen hohe Temperaturen (*Arch. f. exper. Pathol.*, XXVI, p. 341, 1890).

LILLIE F.-R. — On the Limit of Size in the Regeneration of Stentor *Rept. Am. Morp., Soc. Science*. III, 1895.

— On the smallest parts of Stentor capable of regeneration (*Journ. Morphol.*, v. XII, p. 239, 1895).

LOEB J. — Der Heliotropismus der Thiere und seine Uebereinstimmung mit dem Heliotropismus der Pflanzen Würzburg, 118 p., 1890.

— Untersuchungen zur physiologischen Morphologie bei Thieren (Würzburg, 1891-92).

— Ueber Geotropismus bei Thieren *Arch. f. d. Gesammt. Phys.*, XLIX, p. 175-189, 1891.

— Ueber die Grenzen der Theilbarkeit der Eisubstanz *Arch. Ges. Physiol.*, LIX, 1894.

— The same Ueber Kerntheilung ohne Zelltheilung (*Roux's Archiv.*, v. II, cah. 2, p. 278-300, 1895).

— Beitraege zur Entwickelungsmechanik der aus einem Ei entstehenden Doppelbildungs (*Roux's Archiv.*, I, p. 453-472, 1895).

— Zur Theorie des Galvanotropismus (*Arch. f. d. Ges. Physiol.*, p. 308-316, 1896).

LOEB J. et HARDESTY (Irving). — Ueber die Localisation der Athmung in der Zelle *Arch. f. d. Ges. Physiol.*, LXI, p. 583-594, 1895.

LOEB J. et BUDGET P.-S. (Sidney). — Zur Theorie des Galvanotropismus *Arch. f. d. Ges. Physiol.*, v. LXV, p. 518-534, 1897.

LOEW (O.). — Ueber den verschiedenen Resistenzgrad im Protoplasma (*Arch. f. d. Ges. Physiol.*, XXXV, p. 509-516, 1885).

— Ein naturliches System der Gift-Wirkungen 136 p., Münich, 1893.